让孩子营养好，吃得香、长得壮、不生病！

宝妈不愁

小学生营养餐

于雅婷◎主编

世界图书出版公司

图书在版编目（CIP）数据

宝妈不愁小学生营养餐 / 于雅婷主编 . -- 北京：世界图书出版公司，2022.8

ISBN 978-7-5192-9747-3

Ⅰ . ①宝… Ⅱ . ①于… Ⅲ . ①儿童—保健—食谱 Ⅳ . ① TS972.162

中国版本图书馆 CIP 数据核字 (2022) 第 154814 号

书　　名	宝妈不愁小学生营养餐
（汉语拼音）	BAOMA BUCHOU XIAOXUESHENG YINGYANGCAN
主　　编	于雅婷
总 策 划	吴　迪
责任编辑	韩　捷
装帧设计	夕阳红
出版发行	世界图书出版公司长春有限公司
地　　址	吉林省长春市春城大街 789 号
邮　　编	130062
电　　话	0431-86805559（发行）　0431-86805562（编辑）
网　　址	http：//www.wpcdb.com.cn
邮　　箱	DBSJ@163.com
经　　销	各地新华书店
印　　刷	唐山富达印务有限公司
开　　本	787 mm×1092 mm　1/16
印　　张	16
字　　数	431 千字
印　　数	1—5 000
版　　次	2023 年 1 月第 1 版　　2023 年 1 月第 1 次印刷
国际书号	ISBN 978-7-5192-9747-3
定　　价	48.00 元

前言

小学生时期是人生一个重要的阶段。在这一阶段，一方面，小学生进入生长突增期，要为下一阶段的二次发育打下良好的基础；另一方面，小学生还要接受科学文化知识、形成自己的思想和性格，为健康人生观、世界观的形成奠定基础。因此父母要在日常生活各个方面给予孩子特别的关注。

每个家长都希望自己的孩子身体健康，智力发育良好，要做到这一点，必须在孩子的饮食方面下功夫。可现实情况是，为了使孩子不至于输于同龄人，很多家长毫不吝惜花费，为孩子买各种营养品甚至不必要的滋补品，造成了孩子膳食结构不平衡，营养不全面，或将孩子养成了“小胖子”；或者一味地给孩子提供单一的膳食营养，使孩子形成偏食挑食的坏习惯，逐渐将孩子养成了“小豆芽”。即使有的孩子不至于这么极端，也可能因为长期的膳食结构不合理，日常摄取营养成分不齐全，影响了生长发育。

怎样才能使小学生拥有充足的营养？怎样才能使小学生拥有合理的膳食营养结构？怎样才能让小学生更茁壮地成长？相信每个家长都迫切想要知道这些问题的答案。为此，本书根据小学生的生理特点及营养需求，对日常生活中必不可少的主食点心、荤菜、素菜、凉菜、汤、羹、粥等食物进行分类，有针对性地提出符合小学生膳食营养结构的营养食谱，为孩子的健康成长提供合理的食谱参考。

本书在食谱的安排上，针对小学生的生长发育特点，首先给予了清晰明了的做法指导及成品展示，手把手教家长学会烹饪适合孩子的美味佳肴。更重要的是，本书就每种食谱的特色、营养功效、所含营养成分给予明确标识。每个食谱最后还赋予小贴士做提示，以提醒家长在烹饪过程中的注意事项，使每种食谱发挥应有的功效。

另外，对于小学生的健康需求，本书还特意编著了专章“小学生的营养需要”，对小学生的膳食安排及其注意事项、如何提升食欲、怎样补铁补锌补钙、怎样健脑益智、怎样保护视力、怎样增强免疫力等问题给予重点解说，指导家长在安排孩子膳食时有的放矢。

总之，孩子的健康是每个父母最关心的事，愿本书能带给广大家长及小学生最大的健康实惠！

目录

第一章 小学生的营养需要

第二章 小学生的主食点心

第三章 小学生的家常荤菜

第四章 小学生的健康素食

第五章
小学生的爽口凉菜

第六章
小学生的汤、羹、粥、蔬果汁

第一章

小学生的营养需要

小学生时期是人生发育的关键时期，小学生的健康发育需要科学的饮食指导，家长很有必要了解有关小学生营养需求的一般性规律。为此，本章针对小学生营养的共性需求，给予具有普遍意义的指导，让家长全面学习小学生的营养知识。

小学生的膳食安排

小学生的饮食不仅要提供日常所需的各种营养素和能量，还要做到粗细搭配、营养平衡、花样翻新，更要远离垃圾食品、高热量食品和假冒伪劣食品，因此，家长亲手给孩子制作的佳肴，永远是孩子饮食的最优选择。

小学生的营养和膳食特点

这个时期的儿童生长发育需要的优质蛋白质最多，需经常摄入一些富含优质蛋白质的食物，如肉、蛋、奶、鱼、禽、豆制品等，同时要适当补充一些脂肪和碳水化合物，这三种营养素在总热能的分配上比较合适的比例是：蛋白质占总热能的10% ~ 15%；脂肪占总热能的25% ~ 30%；碳水化合物占总热能的55% ~ 65%。

小学生每日食物推荐

每日牛奶250 ~ 400毫升，豆浆200 ~ 300毫升。

蔬菜是维生素、矿物质和纤维素的主要来源。主要为胡萝卜、油菜、小白菜、菠菜、豌豆荚、苋菜、番茄、土豆、南瓜、西蓝花等。每日最佳摄入量为200 ~ 400克。

主食以谷类（米面类）为主，可以做成米粥、米饭、面条、饺子、馄饨、花卷等，每日150 ~ 300克。

新鲜水果100 ~ 150克，是维生素和矿物质的主要来源。如苹果、柑橘、桃、香蕉、猕猴桃、草莓、梨、西瓜、甜瓜等都可选用。

畜禽类和水产类也应适量食用，如猪肉、牛肉、鸡肉、鸭肉、鲈鱼、鲇鱼、鲑鱼、黄鳝都适合小学生食用。每日的供给最好为畜肉禽类75 ~ 100克，蛋类50克，豆制品100克，植物油15 ~ 20毫升。

小学生膳食安排的注意事项

小学生的生活节奏近似成人，但其胃容量小，消化能力尚未完全成熟，还需要加以照顾。小学高年级后期进入复习升学考试期，也进入了生长的突增期，这一时期集中思想学习，活动时间减少，压力增大，对各类营养素的需要量增加，在膳食安排上应注意以下几个方面。

注意各种营养素的供给

在平衡膳食热能的前提下，注意蛋白质的质与量以及其他营养素的供给。选择食物要多样化，平衡搭配，并保证数量充足。选择的主副食应粗细搭配，荤素适当，干稀适宜，并多供给乳类和豆制品，保证蛋白质和钙、铁的充足供应。

三餐应安排合理

三餐能量分配可为早餐 25%、午餐 35%、点心 10% ~ 15%、晚餐 30%。早餐要丰富质优，使孩子吃饱吃好。如果早餐不吃或者吃不好，孩子不到午餐时间就出现饥饿感，影响学习的同时，还危害健康。早餐可选用面包、花卷、鸡蛋及稀粥等食物。午餐也要给予充分重视，有条件的可以在学校吃学生营养餐，或者让家长提供质量较好的午餐，因为整个下午的学习和活动需要充足的营养供应。晚餐要适量，对补充小学生中午营养和能量的摄入不足很有好处，而一般家庭的晚餐也最为正式，但同时要注意不要油腻过重或吃得过饱，否则会影响休息。

多食蔬菜水果

每天摄取蔬菜要足够，时令水果也要适量食用。这样有助于维生素和矿物质的摄取。要特别注意对钙、锌、铁、铜、镁等矿物质和维生素 A、维生素 B_1、维生素 B_2、维生素 B_6、维生素 B_{12}、维生素 C、维生素 E 等维生素的摄取。

让小学生开胃的九种方法

胃口不好的孩子常常不好好吃饭、一顿饭要吃上很长时间，即便家长喂饭，下咽也很困难。遇上这类孩子，家长总是特别羡慕别人家那些大口大口吃饭、吃得又快又多的孩子。孩子胃口不好，家长不妨试试下列方法。

1 刺激孩子产生饥饿感

孩子身体健康，身高、体重标准，平时很少生病，就是吃饭慢，吃得不香，家长可以通过增加孩子的运动量，多进行户外活动，来刺激孩子的饥饿感。孩子感觉饿了，吃饭时就不会挑挑拣拣，而是感觉饭菜吃着特别香。另外，千万不能在孩子吃饭前给孩子吃零食，如吃饭前给孩子吃了点心或喝了牛奶，到了吃饭时孩子感觉不到饥饿，自然吃饭就不香了。

2 通过食物的调理改善生病孩子的胃口

如果孩子原来吃饭很好，因为生病吃药而影响到胃口，家长可以通过食物的调理改善孩子的状况。先观察孩子的舌苔，如果舌苔白，说明孩子体内寒气重，家长可以打一个鸡蛋放入碗中，搅碎放一边，然后在小锅里放适量清水、再放入2～3片生姜、5克红糖，烧开5分钟后，用滚烫的生姜红糖水去冲鸡蛋，冲出的鸡蛋羹在每天早晨让孩子起床后空腹喝上一小碗，能起到暖胃、祛寒、滋养被药物损伤的胃肠黏膜的作用，帮助胃肠功能的恢复。如果孩子的舌苔偏黄，舌苔底下的舌质偏红，说明孩子内热重、积食、消化不良，家长可以到药店里买炒制后的鸡内金，碾成粉，在饭前半小时给孩子吃上5克，可以起到开胃、消食，助消化的作用。吃上几天，孩子的胃口就开了，吃饭就会恢复原来的样子。

3 在平时的饮食中添加温补食材

对于长得瘦小、面色发黄的孩子，可以通过健胃补脾的方式，提升孩子食欲。取一段山药切成块，放到粉碎机里，再放一些水，打成糊后倒入锅中搅拌煮熟后就可以给孩子吃了。食用这些温补的食材可以帮助孩子健脾胃，滋养身体。不过要注意的是，扁桃体常常发炎的孩子不适合用此方法。

4 适量食用药膳

专门给孩子制作的固元膏，也有改善食欲低下等症状的作用。家长可以每天给孩子吃1～2次，每次3克。

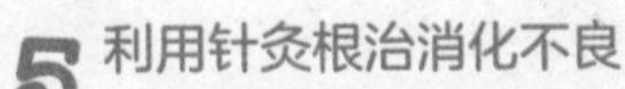

5 利用针灸根治消化不良

对于长期吃饭不香的孩子，家长可以将其带到医院的针灸科，请医生给孩子针灸手指上的四

缝穴。这个方法治疗孩子消化不良、没有食欲，效果非常好。

6 利用生活中的护理方法提高孩子的消化功能

家长在家中也可以使用传统的中医方法，提高孩子消化功能。给孩子捏脊，按摩孩子的肚脐及周围，或在每晚孩子睡觉前按摩脚底的胃肠反射区。每次的时间不用很长，坚持一段时间，孩子食欲不佳，消化不良的状况也会有所改善。

另外，让孩子多运动、多锻炼，也有助于促进其食欲。

7 纠正孩子不良饮食和生活习惯

孩子体质不好造成的胃口不好、脸色不佳，也应该在平时改善不良的饮食和生活习惯。晚上睡觉总是蹬被子、在家中光脚、坐地上、常年水果不断的孩子，体内的寒凉重，这些寒凉会直接影响脾胃的消化吸收能力，孩子也很容易生病。常生病的孩子自然吃药多，吃药又会伤脾胃，长久下去，会陷入恶性循环。在平时的饮食中，胃口不佳的孩子应尽量避免食用寒凉的食物，膨化食品、油炸食品、油腻难消化的食物也不宜多吃，最好多吃烧得烂、软，利于消化吸收的食物。在夏天，最好给胃口不好的孩子喝白开水解热解渴，少让孩子吃对胃有很大刺激性的生冷食物；胃口不好、肠胃不佳的孩子在冬天应尽量少吃或不吃水果，因为水果寒凉，容易伤胃肠。对于胃口不好的孩子，家长必须在孩子的方方面面都细心照顾，孩子才会有好的胃口，好的身体。

8 饭前用开胃汤和水果开胃

夏季天气炎热，孩子往往没有胃口，对于这种情况，家长可以在饭前给孩子准备一些开胃汤，让孩子胃口大开，积极吃饭。这里建议制作一些清淡爽口的开胃汤，如丝瓜汤、冬瓜海带汤，都可以清暑利湿，改善因天气炎热引起的孩子胃口不佳的问题。喝点大麦茶也有类似的效果。

此外，吃点酸甜的水果，也能促进消化液的分泌。除了水果之外，苦味的凉拌菜也能消暑降火，其含有的生物碱成分也有助于健脾开胃。不过，最好在饭前半小时给孩子食用水果，否则会影响胃酸分泌，伤害到孩子娇嫩的肠胃。

需要注意的是，饭前开胃消食的食物是帮助肠胃消化吸收的，也不能多吃，饮食中要控制总能量，饭前吃了开胃餐，就要适当减少主食量。

9 饭后加餐消积食

如果孩子不慎吃多了，吃些山楂银耳羹可缓解。山楂中含有解脂酶能促进脂肪类食物的消化，促进胃液分泌和增加胃内酶素功能。而且它含有的萜类及黄酮类成分，具有显著的降血压降血脂和软化血管作用。银耳既有补脾开胃的功效，又有益气清肠的作用，还可以滋阴润肺增强孩子免疫力。吃多了油腻的大鱼大肉后，食用山楂银耳羹，胃会感觉舒服一些。用七八颗山楂和少量山药做成饭后点心，有健脾消食的作用。

小学生补铁补锌的膳食安排

由于饮食营养摄入不足、膳食结构不合理等因素，儿童缺铁性贫血和锌缺乏仍是困扰着孩子健康成长的问题。以下从补铁补锌的常识入手，为你解说如何为孩子补铁补锌，并提供全面的营养饮食建议。

儿童补铁的注意事项

铁是制造血液中红细胞必不可少的原料，人体内有 60% ~ 70% 的铁与血红蛋白结合，存在于红细胞里，帮助运输氧气和二氧化碳。

儿童时期，其身高、体重增长较快，血容量也明显增多，对铁的需要量就相对较多，如不能从膳食中提供足够的铁来满足生长发育的需要，则易引起缺铁性贫血，从而影响健康。贫血对人体影响很大，主要表现为全身无力、易疲劳、头晕、爱激动、易烦躁、食欲差、注意力不集中、脸色苍白、容易感冒，长期贫血还会对智力和体格的发育造成影响。

铁的补充主要通过食物的摄入来获得，食物中的铁有两种存在形式，即有机铁（血红素铁）和无机铁（非血红素铁）。有机铁存在于动物性食物中，如动物肝、血、肉类、禽类、鱼类等，在体内的吸收好，因此补铁宜首选富含有机铁的动物肝脏、血和肉类等。无机铁存在于植物性食物中，如蔬菜类、粮谷类等，其吸收受植酸、草酸、磷酸及植物纤维的影响，故吸收利用率很低，因此家长在安排膳食时，不仅要看食物中含铁量的多少，更应注重食物中铁的吸收利用率。也有些因素有利于铁的吸收，比如维生素 C 是一个强还原剂，能使食物中的铁转变为能吸收的亚铁，故在进餐的同时食用含维生素 C 丰富的水果或果汁，可使铁的吸收率提高数倍。为保证铁的供应，要提供含铁丰富的食物，足够的蛋白质及含维生素 C 丰富的新鲜蔬菜和水果。

适量补锌才能促进孩子健康成长

常听说缺锌对孩子的健康和表现有很大影响，那么，锌对儿童到底有多重要？缺锌的常见表现又有哪些呢？

第一，锌能促进儿童的生长发育。处于生长发育期的儿童如果缺锌，会导致发育不良。缺乏严重时，将会导致“侏儒症”和智力发育不良。第二，锌能维持儿童正常食欲。缺锌会导致味觉下降，出现厌食、偏食甚至异食癖。第三，锌能增强儿童免疫力。锌元素是免疫器官胸腺发育的营养素，能有效保证胸腺发育，正常分化 T 淋巴细胞，促进细胞免疫功能。第四，锌能促进伤口和创伤的愈合。补锌剂最早被应用于临床就是用来治疗皮肤病。第五，锌会影响维生素 A 的代谢和正常视觉。锌在临床上表现为对眼睛有益，就是因为锌有促进维生素 A 吸收的作用。维生素 A 的吸收离不开锌。维生素 A 平时储存在肝脏中，当人体需要时，将维生素 A 输送到血液中，这个过程是靠锌来完成“动员”工作的。

既然锌对孩子的健康如此重要，那么该如何给孩子补锌？在平时的饮食中，尽量避免长期吃精制食品，饮食注意粗细搭配；已经缺锌的儿童必须选择服用补锌制剂，为了有利于吸收，口服锌剂最好在饭前 1 ~ 2 小时；补锌的同时应增加蛋白质摄入及治疗缺铁性贫血，可使锌缺乏改善更快。选择药剂时，应遵医嘱，不可自行盲目实施。

不过还应注意的是，人体内锌过量会有诸多危害，因此不可盲目补锌。锌是参与免疫功能的一种重要元素，但是大量的锌能抑制吞噬细胞的活性和杀菌力，从而降低人体的免疫功能，使抗病能力减弱，而对疾病易感性增加。过量的锌还会抑制铁的利用，致使铁参与造血机制发生障碍，从而使人体发生顽固性缺铁性贫血。在锌过量的情况下，即使服用铁制剂，也很难使贫血治愈。所以，孩子服用无机锌和有机锌来补锌必须定期化验血锌及发锌。同时，长期大剂量锌摄入可诱发人体的铜缺乏，从而引起心肌细胞氧化代谢紊乱、单纯性骨质疏松、脑组织萎缩、低色素小细胞性贫血等一系列生理功能障碍。

小学生补钙的膳食安排

钙是构成骨骼最重要的物质，人体从膳食和营养品中吸收的钙，经过成骨细胞的作用，沉积在骨骼上，以保证骨骼强壮有力。但是，骨骼并非一旦形成就再也不会改变了。随着年龄的增加，孩子对钙的需求也逐渐增加，需要在日常的饮食上予以及时补充，否则将对孩子的身体成长带来多种问题。

如何给孩子补钙

补钙的方式有两种，钙剂和饮食补钙。最常用、最传统的补钙食物莫过于奶类及奶制品，这类食物不仅含钙丰富，而且容易吸收。奶和奶制品还含有丰富的矿物质和维生素。酸奶也是一类非常好的补钙食品，它不仅可以补钙，其中的有益菌还可以调节肠道功能，适合于各类人群。对于那些不喜欢牛奶或者对乳糖不耐受的人来说，可以多食用一些替代食物，如牡蛎、紫菜、大白菜、花椰菜、大头菜、青萝卜、甘蓝、小白菜等。不过，补钙过量有害，一定要在监测骨钙的基础上补钙才安全，且应以食补为主。

儿童怎么吃才长得好

有助于孩子生长发育的除了钙质外，还需要能转化为肉和血的蛋白质、有助于成长的维生素、能清除体内垃圾的膳食纤维、能预防贫血的铁。如何吃才能让孩子长得高长得好呢？一是尽量少食加工食品，如零食、点心等。因这些食品大多含有日常饮食中并不缺乏的碳水化合物、脂肪，缺少儿童生长所必需的微量元素、维生素，又多含有色素、香精、增稠剂及其他食品添加剂，不仅会造成儿童食欲低下、贫血，还会加重儿童尚未发育成熟的肝、肾负担，导致内分泌受到影响，或早熟，或肥胖，影响生长发育。二是尽可能营养均衡。要防止儿童偏食、厌食、挑食等，以使儿童免疫系统得到相应营养物质滋养，增强免疫力。

十二种营养素帮助小学生健脑

有效的健脑方法是摄入对大脑有益的含有不同营养成分的食物，并进行合理搭配，以增强大脑的功能，使脑的灵敏度和记忆力增强，并能清除影响脑功能正常发挥的不良因素。以下介绍十二种最佳健脑营养素及其对应的健脑食物。

1 脂肪

脂肪是健脑的首要物质，在发挥脑的复杂、精巧功能方面具有重要作用。给脑提供优良丰富的脂肪，可促进脑细胞发育和神经纤维髓鞘的形成，并保证它们的良好功能。最佳食物有芝麻、核桃仁、自然状态下饲养的动物、坚果类等。

2 蛋白质

蛋白质是智力活动的物质基础。蛋白质是控制脑细胞的兴奋与抑制过程的主要物质，在记忆、语言、思考、运动、神经传导等方面都有重要作用。最佳食物有瘦肉、鸡蛋、豆制品、鱼贝类等。鱼脑是很好的健脑食品。

3 碳水化合物

碳水化合物是脑活动的能量来源。碳水化合物在体内分解为葡萄糖后，即成为脑的重要能源。食物中主要的碳水化合物含量已可以基本满足机体的需要。糖质过多会使脑进入过度疲劳状态，诱发神经衰弱或抑郁症等。最佳食物有杂粮、糙米、红糖、糕点等。

4 钙

钙是保证大脑持续工作的物质。充足的钙可促进骨骼和牙齿的发育并抑制神经的异常兴奋。钙严重不足可导致性情暴躁、多动、抗病力下降、注意力不集中、智力发育迟缓甚至弱智。最佳食物有牛奶、海带、骨汤、小鱼类、紫菜、野菜、豆制品、虾皮、果类等。

5 B族维生素

B族维生素包括叶酸、维生素B_1、维生素B_2、维生素B_6等，是蛋白质的助手。人体吸收B族维生素严重不足时，会引起精神障碍，易烦躁，思想不集中，难以保持精神安定，易引发心脏、皮肤或黏膜疾患。最佳食物有香菇、野菜、黄绿色蔬菜、坚果类等。

6 维生素C

维生素C是使思维敏锐的必要物质。维生素C可使脑细胞结构坚固，使身体的代谢机能旺盛。充足的维生素C可使大脑功能灵活、敏锐，并能提高智商。最佳食物有红枣、柚子、草莓、西瓜、鲜果类、黄绿色蔬菜等。

7 维生素A

维生素A是促使脑发达的物质。维生素A可促进皮肤及黏膜的形成，使眼球的功能旺盛，促进大脑、骨骼的发育。维生素A严重不足时，易发生夜盲症等眼球疾患，亦可导致智力低下。最佳食物有鳝鱼、黄油、牛乳、奶粉、胡萝卜、韭菜、柑橘类、动物肝脏等。

8 维生素E

维生素E是保持脑细胞活力的物质。维生素E有极强的抗氧化作用，可防治脑内产生过氧化脂肪，并可预防脑疲劳。它严重不足时，会引起各类型的智能障碍。最佳食物有甘薯、莴笋、植物油等。

9 胡萝卜素

胡萝卜素是抗氧化剂，可防治智力缺陷。食用富含胡萝卜素的食物可防止记忆衰退及其他神经功能损害。富含胡萝卜素的食物有油菜、荠菜、苋菜、胡萝卜、花椰菜、甘薯、南瓜、黄玉米等。

10 铁

铁是人体生理活动必不可少的，尤其是儿童和青少年。铁是组成血红蛋白的必要成分，如果膳食中缺铁，就会造成缺铁性贫血。油菜、韭菜中含有丰富的铁。

11 微量元素

微量元素虽然在人体内含量极少，但在儿童的生长发育中起着极为重要的作用。特别是锌，含锌丰富的食物有动物肝脏和海产品。

12 水

儿童活泼好动，需水量高于成年人，如果运动量大，出汗过多，还要增加饮水量。如果水的摄入量不足，会影响机体代谢及体内有害物质和废物的排出。这里讲的水的摄入量不是指喝进去的水量，而是指饮水量加上吃进的食物中含水量的总和。

四种营养素保护小学生眼睛

学生是近视的高发人群，很多家长虽然很注意培养孩子良好的用眼和看书习惯，但孩子的眼镜度数还是一再加深。据统计，目前我国约有3亿人患有不同程度的近视，而在小学生中近视眼的发病率已高达30%。那么，除了注意合理用眼外，从饮食上应该注意些什么，才能更好地保护视力呢？在这里向家长推荐几种对眼睛有保护作用的营养素。

维生素 A

维生素A是视觉细胞中感光物质的组成部分，缺乏时容易导致眼干燥症、暗适应能力下降，严重者可致夜盲。维生素 A 主要存在于动物肝脏、蛋黄、牛奶、鱼肝油及黄绿色蔬菜，如胡萝卜、番茄、菠菜、韭菜等。

B 族维生素

B 族维生素参与视神经的神经细胞代谢，且还具有保护眼睑、结膜和角膜的作用，可以预防及治疗视神经病变，尤以维生素 B_1 和维生素 B_2 的作用最为突出。维生素 B_1 主要存在于瘦肉、动物内脏及全谷类食品中，因此提倡吃粗粮杂粮，淘米次数不宜过多。维生素 B_2 富含于动物内脏、蛋黄及乳制品中。

维生素 C

维生素 C 是组成眼球晶状体的成分之一，同时可减弱氧气对晶状体的损害。如果缺乏维生素 C 就容易引起晶状体浑浊而导致白内障，富含维生素 C 的食物有柚子、番茄、枣、猕猴桃及绿色蔬菜等。

锌

锌是维生素A代谢过程中一种酶的组成部分，可增强视觉神经的敏感度。锌不足时，杆状细胞的视紫红质合成就会出现障碍，从而影响辨色功能。食物中牡蛎含锌量最高，肝脏、奶酪、花生等也是锌的丰富来源。

增强小学生免疫力的十一种食物

免疫力是指机体抵抗外来侵袭、维护体内环境稳定性的能力。空气中充满了各种各样的微生物：细菌、病毒、支原体、衣原体、真菌等。在孩子免疫力不足的情况下，根本无法抵御各种外来侵袭，造成孩子频繁生病。通过日常饮食调理是提高人体免疫能力的最理想方法。在平时的饮食中，注意给孩子食用以下十一种食物，能有效提高孩子的免疫力。

1 胡萝卜

孩子生长要比大人们需要更多的维生素A原，也就是胡萝卜素。胡萝卜素具有保护孩子呼吸道免受感染、促进视力发育的功效，缺乏维生素A的孩子容易患呼吸道感染。而胡萝卜中含有大量的维生素A原。如果经常在饮食上安排一些，十分有益于孩子的健康。为了便于孩子的肠道吸收，用胡萝卜做菜时最好先切碎，或蒸、煮后再弄碎，或捣成糊，以帮助孩子更好地吸收胡萝卜的营养。

2 小米

小米中含有丰富的B族维生素，虽然脂肪含量较低，但大多为不饱和脂肪酸，而B族维生素及不饱和脂肪酸都是生长发育必需的营养。特别是不饱和脂肪酸，对孩子大脑发育有益处。

3 黑木耳

经常食用黑木耳，可将肠道中的毒素带出，净化孩子肠胃；还可降低血黏度，防止发生心脑血管疾病。现今，很多孩子体重超重，血脂偏高，从小多吃一些黑木耳对日后的健康大有益处。

4 蘑菇

蘑菇属于益菌类食品，含有多种氨基酸和多种酶。特别是香菇中含有香菇多糖，它可抑制包括白血病在内的多种恶性肿瘤。另外，常吃蘑菇或喝蘑菇汤可提高人体的免疫功能，不易患呼吸道感染，还可净化血液中的毒素，对预防小儿白血病很有帮助。不过，吃香菇时最好先用开水焯一下，这样可以避免刺激孩子娇嫩的胃。蘑菇保存不当容易发霉，最好放在通风干燥处。

5 苦瓜

苦瓜中含有一种活性蛋白质，能激发人体免疫系统的防御功能，增强免疫细胞的活力，从而增强身体的抗病力。特别是盛夏酷暑时，孩子比大人更容易上火，如果经常吃些苦瓜，有助于孩子消除暑热，或预防中暑、肠胃炎、咽喉炎、皮肤疖肿等疾病。苦瓜中的活性蛋白质很娇嫩，耐热性差，所以烹调时不宜温度过高。另外，苦瓜除了素炒外，凉拌或做汤也很适合孩子。

6 番茄

番茄中含有大量的维生素C，多吃一些可促使孩子摄取到丰富的维生素C。从而提高孩子的抗病能力，减少呼吸道感染的发病率。当孩子的皮肤受到过多日晒或紫外线灼伤时，多吃一些熟番茄，还可以帮助皮肤组织快速修复。除此之外，大脑发育很需要维生素B_1，而番茄中维生素B_1的含量十分丰富，孩子多吃些番茄可促进大脑发育。

7 苹果

苹果营养价值非常高，其中的果酸可促进消化吸收，纤维素可促进排便，果胶可治疗轻度腹泻，所富含的锌元素有助于孩子增强抵抗力，因此，多给孩子食用苹果预防很多疾病。孩子轻度腹泻时，可连吃两天苹果泥，有助于腹泻好转。

8 薯类

薯类包括红薯、山药、土豆等，能够吸收水分、脂肪、毒素及糖类等，并可以润滑肠道。经常食用薯类，可降低孩子发生干眼症的危险性，还可避免便秘，减少日后发生结肠癌、直肠癌的危险性。但薯类食品不宜过量食用，以免引起腹胀，孩子腹泻时也最好少吃薯类。

9 酸牛奶

酸牛奶中的蛋白质和脂肪比牛奶更容易消化吸收，铁、钙、磷等各种营养素的利用率更高，还可以促进食欲，增强消化功能，有效地抑制肠道病菌的繁殖。因而，常喝酸牛奶不仅增强抗病力，还可治疗习惯性便秘、孩子消化不良性腹泻等病症。

10 豆浆

豆浆有独到的营养价值，即富含孩子生长发育所需的蛋白质，又含有抗菌物质，非常适合孩子食用。另外，还具有清热补虚、通淋化痰的治疗作用，是一种物美价廉的滋补饮料。但每次不宜给孩子喝的量过大，否则容易引起消化不良、腹胀和腹泻，特别是年幼的孩子。

11 牛肉

补锌能增强人体的免疫力。锌在儿童的饮食中非常重要，它可以促进白细胞的增长，进而帮助人体防范病毒、细菌等有害物质。即使是轻微缺锌，也会增加患传染病的风险。牛肉是人体补充锌的重要来源之一，也是增强免疫力的代表食物。在冬季适当进补牛肉，既耐寒又预防流感。

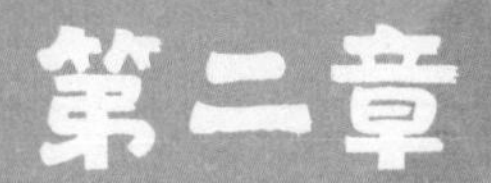

第二章

小学生的主食点心

主食是最重要的食物，机体一天所需的能量补充、脏器组织自我修复和调节，都要在主食中得到体现。因此，主食中必须包括维持儿童健康以及提供生长、发育和活动所需要的蛋白质、脂肪、糖、无机盐、维生素、碳水化合物和纤维素等 7 大营养素。点心对主食起着补充作用。

萝卜酥饼

45分钟　100克/日　秋季

本品营养丰富，尤其是其中的萝卜，民间有“冬吃萝卜夏吃姜，一年四季保安康”的说法。孩子常食本品，有增强免疫力的作用。

原料

油皮300克、油酥300克、白萝卜500克、虾米10克、葱20克、蛋黄30克、白芝麻15克、黑芝麻15克、盐3克、胡椒粉5克、香油15毫升

做法

1. 白萝卜去皮洗净，刨成丝。
2. 葱洗净、虾米泡软，均切成末，与白萝卜混合。
3. 加入盐、胡椒粉、香油拌匀成馅；油皮摊开包入油酥，捏紧、压扁，均分为小团。
4. 面团擀平包入馅，收口捏紧，均匀刷上蛋黄，再分别蘸上白芝麻、黑芝麻，排入烤盘放入烤箱，以200℃烤约20分钟即可。

小贴士

馅调好后，可放置10分钟再包入面皮。

奶油酥饼

55分钟　75克/日　全年

本品脆而不碎，油而不腻，香酥可口，且含有优质蛋白质、不饱和脂肪酸等有助于孩子生长发育的营养成分，非常适合学龄期孩子食用。

原料

油皮200克、油酥200克、牛奶100毫升、黑芝麻10克、白芝麻10克、奶油10克、蛋黄2个、玉米粉15克、白糖30克

做法

1. 锅中放入玉米粉、白糖，加牛奶及冷水搅匀，煮至浓稠，加蛋黄煮开，熄火备用。
2. 加入奶油拌匀成奶黄馅，冷藏成块状。
3. 取出奶黄馅，均切成块；油皮加油酥制成等份的饼皮。
4. 饼皮包入奶黄馅包裹好，排入烤盘中，压扁。
5. 刷上蛋液，再撒上黑芝麻、白芝麻，放入烤箱，以200℃烤20分钟即可。

小贴士

本品可作为早餐供孩子常食。

蛤蜊饺

35 分钟　150 克 / 日　春、秋季

本品口感鲜香，营养比较全面，包含蛋白质、脂肪、碳水化合物、铁、钙、磷、碘、维生素、氨基酸和牛磺酸等多种营养成分，适合孩子食用。

原料

猪肉馅 200 克、饺子皮 200 克、蛤蜊 250 克、莴笋 250 克、葱花 15 克、盐 3 克

做法

1. 蛤蜊烫熟，浸水中冷却后，剥壳取出蛤蜊肉，切粒。
2. 莴笋去皮洗净，刨成丝，加入盐，挤干莴笋丝的水分再加入盐、葱花，再与蛤蜊肉粒、猪肉馅拌匀。
3. 取饺子皮，内放适量拌好的馅，再将面皮对折，捏紧成饺子形，再下入沸水中煮熟即可。

小贴士

可用胡萝卜、芦笋等蔬菜代替莴笋，但忌用芹菜。

芹菜叶饼

16分钟　100克/日　春季

本品有一种特殊的香味，有助于增进孩子的食欲，这有赖于芹菜中的挥发油。此外，本品还能补充碳水化合物，提供能量，适合孩子食用。

原料

芹菜叶200克、鸡蛋2个、面粉100克、黑芝麻10克、盐3克、香菜8克、食用油适量

做法

1. 将芹菜叶洗净，切碎；黑芝麻入锅炒香备用；香菜洗净，切段；取出一个碗，倒入面粉、芹菜叶，打入鸡蛋，调入盐，充分搅匀。
2. 锅中放适量油烧热，倒入面糊，把芹菜饼煎至两面呈金黄色。
3. 把煎好的芹菜饼装盘，最后撒上黑芝麻和香菜，即可食用。

小贴士

不宜买叶色浓绿的芹菜，这种芹菜粗纤维多，不可口。

什锦拌面

25分钟　125克/日　夏、秋季

本品能为人体提供较多的能量，且含有优质蛋白质、钙、B族维生素等对人体有益的营养成分，非常适合学龄期孩子食用。

原料

墨鱼肉20克、虾10克、黑木耳10克、香菇10克、油面200克、盐3克、酱油3毫升、香油5毫升、葱段10克

做法

1. 墨鱼肉洗净切片；虾剥壳去沙肠，洗净备用；黑木耳、香菇均泡发，洗净，黑木耳切丝，香菇切片；油面入沸水锅焯一会儿，洗净备用。
2. 净锅上水烧开，下墨鱼肉、虾、木耳、香菇煮沸，下入葱段改中火煮至再沸，最后放入油面，煮熟，捞出入盘。
3. 加入所有配料调味拌匀即可。

小贴士

木耳和香菇稍炒一下，口感更好。

玉米粒煎肉饼

25 分钟　100 克 / 日　夏季

本品营养成分多样，既含有丰富的蛋白质，又含有钙、磷、铁等微量元素，还含有膳食纤维，更可贵的是，含有促进儿童大脑发育的谷氨酸，可谓“全能营养”。

原料

猪肉 500 克、玉米粒 200 克、青豆 100 克、盐 3 克、鸡精 2 克、水淀粉适量、食用油适量

做法

1. 猪肉洗净，剁成蓉；玉米粒洗净备用；青豆洗净备用。
2. 将猪肉与水淀粉、玉米、青豆混合均匀，加盐、鸡精，搅匀后做成饼状。
3. 锅下油烧热，将肉饼放入锅中，用中火煎炸至熟，捞出控油摆盘即可。

小贴士

肉馅顺着一个方向搅拌 5 分钟，口感更好。

三鲜面

10 分钟　100 克 / 日　全年

本品汤清亮，肉香，面韧长有质感，兼有荤、素、汤、菜、饭之特色，口感好，有助于补充能量，适合给孩子当午餐食用。

原料

面条 200 克、火腿 50 克、黄瓜 50 克、香菇 50 克、肉 50 克、盐 3 克、胡椒粉 3 克、香油 3 毫升、葱花 5 克、香菜 5 克、鲜汤适量、食用油适量

做法

1. 火腿切片；肉、黄瓜洗净切片；香菇、香菜洗净切段。
2. 将面条煮熟，放入碗内；锅中加油烧热，放入肉片炒熟，加入鲜汤，放入香菇、火腿、黄瓜，调入盐、胡椒粉、香菜段，淋入香油调味，倒在面条上，撒上葱花即可。

小贴士

煮面条时放一点盐可让面条更加劲道。

桂圆养生粽

30 分钟　125 克 / 日　全年

本品清香绵甜，纳入了多种营养价值极高的食材，因此既可当主食食用，也可给孩子当零食食用。

原料

桂圆 30 克、红豆 30 克、绿豆 30 克、松子 15 克、南瓜子 15 克、枸杞子 10 克、燕麦片 30 克、红白糯米 200 克、红枣 5 颗、栗子 2 颗

做法

1. 将红枣去核，和桂圆洗净切碎；栗子洗净切片。
2. 洗净红白糯米、红豆、绿豆、燕麦，倒入 2 杯水浸泡备用。
3. 将浸泡的材料和红枣、桂圆、栗子一起入锅蒸煮，煮熟后用筷子拌匀，同时拌入松子、南瓜子、枸杞子等，包入粽叶或锡箔纸内，食用时再加热即可。

小贴士

粽子一次食用不宜太多，否则影响消化。

蟹肉小笼包

30 分钟　125 克 / 日　全年

本品有舒筋益气、理胃消食、通经络、散诸热、清热、滋阴等作用，且富含蛋白质、碳水化合物及维生素，适合孩子常食。

原料

面粉 500 克、猪肉 500 克、大闸蟹肉 50 克、蟹黄 50 克、姜末 25 克、盐 3 克、味精 2 克、白糖 3 克

做法

1. 猪肉洗净剁成末，和蟹肉、蟹黄、姜末、盐、味精、白糖搅拌成馅，备用。
2. 面粉加冷水和成面团，擀成长条形，再擀成圆形面皮，包入馅捏成小笼包形。
3. 上笼用大火蒸 7 分钟即可。

小贴士

蟹肉是儿童天然滋补品，经常食用可以补充儿童身体必需的各种微量元素。

生菜鸡丝面

8分钟 125克/日 夏季

本品属于高淀粉食品，能为人体提供较多的能量，饱腹作用较好；其中的鸡肉和生菜荤素搭配，又不乏营养。适合给孩子当午餐食用。

原料

生菜50克、鸡肉20克、龙须面50克、盐3克、味精2克

做法

1. 生菜洗净，切成细丝。
2. 将鸡肉煮熟，切成细丝。
3. 锅中注水烧热，放少许盐，将所有主料混合后煮熟，调入配料即可。

小贴士

龙须面一定等水开后再下锅。

虾仁包

80分钟 150克/日 全年

本品口感鲜美，老幼皆宜，且富含蛋白质、钙，一般人群皆可食用，尤其对儿童、孕妇具有较强的补益作用。

原料

面团500克、虾250克、猪肉末40克、盐3克、白糖10克、老抽5毫升

做法

1. 将虾去壳洗净切碎，加肉末和盐、白糖、老抽拌匀成馅。
2. 将面团下成大小均匀的面剂，再擀成面皮；取一张面皮，内放20克馅料，再将面皮从外向里，打褶包好；将包好的生坯醒发1小时左右，再上笼蒸熟即可。

小贴士

虾一定要去虾线。

鲜虾包

40 分钟　125 克 / 日　夏季

本品蛋白质含量丰富，碳水化合物的含量也比较高，还含有氨基酸、糖类、维生素 B_1、维生素 B_2、钙等营养成分，营养价值较高。

原料

中种面团 120 克、烫面面团 50 克、鲜虾仁 100 克、香菇 30 克、荸荠 20 克、肥猪肉 20 克、葱 1 棵、姜 3 克、盐 2 克、白糖 5 克、胡椒粉 6 克、香油 6 毫升

做法

1. 荸荠去皮洗净，拍碎；香菇泡软，葱剥净，和姜及肥猪肉均洗净切末。
2. 鲜虾仁剁碎；所有材料（面团除外）放入碗中，加盐、白糖、胡椒粉、香油拌匀做成馅。
3. 中种面团及烫面面团混合揉至光滑，擀成面皮，包馅成包子，放上虾仁泥，静置 20 分钟至膨胀，再上笼大火蒸 8 分钟即可。

小贴士

优质猪肉脂肪白且肉质紧密，富有弹性。

起司蛋卷

35 分钟　75 克 / 日　春、夏季

本品兼具鸡蛋、番茄、玉米、牛奶等物质的营养作用，营养价值较高，且外观和口感均佳，有吸引孩子进食的作用，可作早餐或零食给孩子常食。

原料

鸡蛋 300 克、番茄 100 克、玉米粒 25 克、牛奶 100 毫升、盐 3 克、奶酪 10 克、番茄酱 10 克、食用油适量

做法

1. 鸡蛋打散，加入盐和牛奶；番茄洗净，切成丁；奶酪切成丁。
2. 烧热油，倒入蛋液，当快凝固时加入奶酪、番茄和玉米粒，并卷起。
3. 再慢慢翻动使蛋卷内陷的奶酪融化，同时表面煎至金黄色后捞出，淋上番茄酱即可。

小贴士

鸡蛋不宜太少，否则蛋液太薄，口感不佳。

香菇番茄面

10分钟 150克/日 夏季

本品简单易做，口感好，营养价值高，家长可常为孩子烹食。由于本品碳水化合物含量较高，补充能量效果显著，可作早餐或午餐食用。

原料

香菇30克、番茄30克、切面100克、盐3克

做法

1. 将香菇洗净，去梗，切成小丁，放入清水浸泡5分钟。
2. 将番茄洗净，切成小块。
3. 锅中注水烧热，放少许盐，下入切面稍煮，放入香菇、番茄同煮，加盐调味即可。

小贴士

放适量的番茄酱可以让汤更加鲜美。

海味香菇饭

35分钟 125克/日 秋季

本品营养成分较为齐全，作为主食给孩子食用，不但具有补充能量的作用，而且能补充较为齐全的营养素，有增强免疫力的作用。

原料

糯米100克、香菇100克、海蛎干50克、干贝50克、虾仁50克、鱿鱼丝50克、板栗10个、鸭蛋1个、猪肉50克、酱油5毫升、盐3克、味精2克、白糖3克

做法

1. 糯米、虾仁、干贝洗净；香菇、海蛎干均泡发；鱿鱼丝、板栗、鸭蛋煮熟；肉洗净切块。
2. 将主料拌匀放入竹筒蒸30分钟，取出后用配料调成的味汁拌匀。

小贴士

糯米不宜消化，孩子一次不宜食用过多。

玉米面饼

35 分钟　75 克 / 日　全年

本品松软香甜，脆而不硬。其中的玉米含有脂肪、卵磷脂、谷物醇、维生素 E、胡萝卜素及 B 族维生素，且其所含的脂肪中 50% 以上是亚油酸。

原料

玉米粉 300 克、面粉 200 克、白糖 50 克、泡打粉 5 克、甜面酱 10 克、食用油适量

做法

1. 将玉米粉、面粉、白糖、泡打粉和在一起，加入少许清水，发酵 20 分钟。
2. 将发酵的面改成饼状。
3. 平底锅置于火上，加入少量油，放入面饼，烙至金黄色，取出，改成小块便可，吃时可蘸甜面酱。

小贴士

记忆力不佳的人尤适合食用玉米制品。

香煎肉蛋卷

20 分钟　100 克 / 日　全年

本品看起来黄灿灿的很诱人，吃起来软香适口不油腻，令人食欲大增。无论是其中的肉末，还是豆腐和鸡蛋，都是营养价值极高的常见食材，适合孩子常食。

原料

肉末 80 克、豆腐 50 克、鸡蛋 2 个、淀粉 5 克、红椒 1 个、盐 3 克、香油 3 毫升、食用油适量

做法

1. 豆腐洗净剁碎；红椒洗净切粒。
2. 将肉末、豆腐、红椒装入碗中，加入盐、淀粉、香油制成馅料。
3. 平底锅烧热，将鸡蛋打散，倒入锅内，用小火煎成蛋皮，再把调好的馅用蛋皮卷成卷，入锅煎至熟，切段，摆盘即成。

小贴士

选豆腐的时候不要选容易破碎、表皮发黏的，这样的豆腐多为劣质或变质豆腐。

鸡蛋饼

12分钟 100克/日 全年

本品饼皮酥脆，蛋鲜香，口感甚佳。由于蛋白质丰富，碳水化合物充足，给孩子当早餐吃是最营养不过的了。

原料

鸡蛋3个、葱10克、精面粉25克、火腿粒8克、盐3克、鸡精2克、香油5毫升、十三香3克、食用油适量

做法

1. 鸡蛋打散；葱洗净切碎；精面粉加适量水制成面糊，调入盐、鸡精、火腿粒、十三香。
2. 锅中油烧热，倒入面糊，待凝固时倒入蛋液。
3. 刷上少许油，入锅煎至金黄色，撒上葱花，淋入香油即可食用。

小贴士

煎饼的时候，火不宜太大。

甘笋莲蓉卷

45分钟 125克/日 夏、秋季

本品馅心晶莹透明、香甜。由于主要食材是面粉，碳水化合物比较多，维生素和矿物质主要来源于甘笋汁和胡萝卜，适合给孩子当甜点食用。

原料

面粉200克、甘笋汁50毫升、胡萝卜50克、莲蓉100克、白糖100克、泡打粉20克、酵母10克

做法

1. 胡萝卜洗净切碎成末；面粉、泡打粉混合过筛开窝，倒入白糖、酵母。甘笋汁与胡萝卜搅拌成泥状加入，拌至白糖溶化。
2. 将面团搓至纯滑。用保鲜膜包好，约松弛半小时。将面团分切约30克/个，莲蓉分切为15克/个。
3. 面团压薄，将馅包入。成型后将两头搓尖。
4. 入蒸笼内稍松弛，用大火蒸约8分钟熟透即可。

小贴士

本品糖分较高，可酌情减少白糖的用量。

黄豆芽鸡蛋饼

10 分钟　75 克 / 日　春、夏季

本品绵软中有着脆脆的清爽，鲜香中带有一缕清香，口感特别。兼有优质植物蛋白和动物蛋白，特别适合儿童食用。

原料

黄豆芽 200 克、鸡蛋 1 个、面粉适量、青椒 1 个、盐 3 克、食用油适量

做法

1. 黄豆芽洗净后去头、去尾；青椒洗净切丝备用。
2. 将鸡蛋打入碗中搅拌均匀，加适量盐调味。
3. 面粉加水搅拌后倒入蛋液搅匀。
4. 最后将黄豆芽放入蛋糊中搅拌，入油锅煎至两面金黄，撒上青椒丝即可。

小贴士

为了保持豆芽脆脆的口感，烹制时不要焯豆芽。

鲜肉蛋饺

15 分钟　100 克 / 日　全年

本品外香里嫩，味道极好，加上黄灿灿的诱人外形，极易引起食欲。鸡蛋中的优质蛋白质加上肉末的微量元素，有补益强壮、健脑增智之效。

原料

鸡蛋 3 个、肉末 200 克、盐 3 克、味精 2 克、生姜 5 克、葱条适量、食用油适量

做法

1. 将鸡蛋打散，下入油锅中煎成一张张蛋皮备用；将葱条洗净入热水中微烫；生姜洗净切末。
2. 肉末加盐、味精、姜末，拌匀。
3. 取一张蛋皮，放入肉馅，包成形。然后用烫好的葱条扎紧口，用同样方法包扎 4 个蛋饺，入锅中蒸 7 ~ 8 分钟至熟即可。

小贴士

肉馅不宜太多，否则会太腻。

火腿洋葱蛋包饭

17 分钟　125 克 / 日　春、夏季

本品是一款很受青睐的主食，蛋清中的优质蛋白质加上火腿和洋葱的各种营养素，既营养开胃，又能饱腹，尤适合正快速生长的儿童。

原料

火腿 200 克、洋葱 1 个、鸡蛋 1 个、大米饭 100 克、盐 3 克、食用油适量

做法

1. 将火腿、洋葱洗净后切成丁。
2. 鸡蛋打入碗中，搅拌均匀后加适量盐调味。
3. 锅内油烧热，下火腿丁、洋葱丁、大米饭翻炒片刻。
4. 另取锅，油烧热，将蛋液倒入锅中，煎成蛋皮，放入炒好的火腿饭包好即可。

小贴士

新手在煎蛋皮的时候，可在鸡蛋里放一点水淀粉搅匀后再煎。

什锦蛋饼

15 分钟　100 克 / 日　夏季

本品鲜香美味，营养丰富，有补气血、养心安神等作用。其主料鸡蛋不但富含优质蛋白质，还富含 DHA 和卵磷脂、卵黄素，对神经系统和身体发育有利，适合孩子食用。

原料

干木耳 50 克、猪瘦肉 100 克、豆干 30 克、黄豆芽 15 克、鸡蛋 1 个、盐 3 克、食用油适量

做法

1. 将干木耳用清水泡发、洗净，撕成小片；黄豆芽洗净。
2. 猪瘦肉洗净后切片；豆干洗净切成四方小块。
3. 另取碗，用盐将肉片腌渍片刻，然后将其与木耳、黄豆芽、豆干一起翻炒至熟，盛出备用。
4. 鸡蛋打入碗中搅匀后，入油锅煎成蛋饼，将炒熟的材料铺在蛋饼上即可。

小贴士

蛋饼要薄，这样煎熟后，才会呈透明状，好看又好吃。

素斋包

80分钟　100克/日　全年

本品味道清淡鲜香，包子皮松软，馅料令人回味，有促进孩子食欲的作用。由于本品既补充能量又营养，所以特别适合给孩子当早餐食用。

原料

豆干20克、青菜30克、香菇丁20克、红薯粉条20克、面团200克、盐3克、姜末10克、香油10毫升

做法

1. 豆干切成丁；红薯粉条、青菜洗净切碎。
2. 豆干、红薯粉条、青菜放碗中，加入香菇丁、姜末，调入盐、香油拌匀成馅料。
3. 面团揉匀，搓长条后下成剂，按扁，擀成薄面皮，将馅料放入擀好的面皮中包好。
4. 做好的生坯醒发1小时，大火蒸熟即可。

小贴士

烹制好的馅料不宜带太多的液体调料，否则会影响口感。

开心肉夹馍

25分钟　125克/日　全年

本品馍香肉酥，肉质糜而不烂，肥而不腻，回味无穷，既可以给孩子当早餐食用，又可当零食食用，营养美味。

原料

面团200克、肉末50克、青椒粒15克、红椒粒15克、肉松20克、姜2克、盐2克、味精1克、胡椒粉1克、生抽5毫升、葱花10克、食用油适量

做法

1. 姜洗净后切成末备用；将面团搓成长条，用擀面杖擀薄。
2. 热油下肉末、青椒粒、红椒粒、姜末、盐、味精、胡椒粉、生抽料炒熟；面饼放烙机中烙至两面金黄，取出。
3. 将烙好的饼剖开，将炒好的肉末和葱花一起塞入馍内，馍表面上撒上肉松即可。

小贴士

做肉夹馍的馍最好用半发面，有助于控制烙馍的形状。

鲜虾烧卖

30 分钟　100 克 / 日　夏季

本品馅多皮薄，美味诱人，端开口处用虾仁点缀，更令人垂涎。由于其中加入了猪肉、虾仁、香菇等营养价值较高的食材，所以对孩子健康特别有好处。

原料

烫面面团 500 克、猪绞肉 80 克、虾仁 200 克、香菇碎 30 克、荸荠碎 30 克、葱末 10 克、姜末 10 克、米酒 50 毫升、盐 3 克、白糖 5 克、胡椒粉 5 克、香油 5 毫升、色拉油 8 毫升、淀粉水适量

做法

1. 虾仁挑去肠泥，剁碎，加米酒搅拌匀。
2. 葱末、姜末加入猪绞肉及淀粉水拌匀，再加入虾泥、香菇碎、荸荠碎及米酒、盐、胡椒粉、白糖、香油搅拌均匀做成馅。烫面面团分成小份，压扁、擀成烧卖皮。
3. 将皮摊开，包入馅，捏握成烧卖形状，放上 1 只虾仁，底部抹上色拉油，排入垫有湿布的蒸笼蒸约 6 分钟即可。

小贴士

将虾仁放在煮桂皮的水中焯一下味更鲜。

珍珠丸子

🕒20 分钟　🍴150 克 / 日　☺夏、秋季

本品营养成分较为齐全，鱼肉有丰富的完整蛋白和不饱和脂肪酸；猪肉中矿物质丰富；荸荠中含有能促进人体生长发育的磷；鸡蛋几乎含有人体需要的所有营养要素，几种食材搭配，营养价值非常高。

原料

鱼肉 200 克、猪肉 200 克、糯米 50 克、荸荠 30 克、鸡蛋 1 个、姜 5 克、盐 3 克、胡椒粉 1 克、淀粉适量

做法

1. 鱼剁碎成鱼肉糜；肉剁碎成肉末；糯米泡好；荸荠洗净切碎；姜洗净捣碎取汁。
2. 在鱼肉糜中加入盐、姜汁、胡椒粉，不断搅拌，使其上劲，打入鸡蛋，再下入肉末、荸荠、淀粉拌匀待用。
3. 把拌成的原材料制成直径 3 厘米的丸子，粘上泡好的糯米，上笼蒸 10 分钟即成。

小贴士

剁鱼肉的时候，先将菜刀放到热水中浸泡 5 分钟再使用，肉末就不会粘在刀上了。

洋葱煎蛋饼

🕒18 分钟　🍴75 克 / 日　☺全年

本品口味清淡，营养丰富。其主料鸡蛋富含 DHA 和卵磷脂、卵黄素，对大脑发育大有裨益，有健脑益智的作用。

原料

鸡蛋 2 个、面粉 25 克、洋葱半个、盐 3 克、食用油适量

做法

1. 将鸡蛋打入碗中，放入适量面粉搅拌均匀。
2. 将洋葱洗净后切成丁，放入搅拌好的蛋液中。
3. 在混合蛋液中加入适量的盐拌匀，下入油锅中煎成两面金黄色的蛋饼即可。

小贴士

用土鸡蛋煎饼，营养价值更高。

彩色虾仁饭

40分钟 125克/日 夏、秋季

本品色泽诱人，容易吸引孩子注意力，且兼具虾仁、蔬菜、鸡蛋三种食物的营养功效，营养成分较为齐全，有增强孩子免疫力的作用。

原料

大米150克、虾仁100克、三色蔬菜50克、鸡蛋2个、玉米粒25克、盐3克、葱段5克、红枣2颗、食用油适量

做法

1. 大米洗净；虾仁处理干净，用葱段腌渍一会儿；三色蔬菜洗净；红枣洗净。
2. 锅中倒上水，放入红枣，用大火炖煮35分钟，去渣留下汤汁，放入大米煮熟，取出；净锅入油烧热，放入虾仁、玉米粒、三色蔬菜炒至八成熟，打入鸡蛋炒散，倒入煮熟的大米炒匀。
3. 加盐调味即可。

小贴士

打鸡蛋的时候加一点水，可以让炒出的鸡蛋更加鲜嫩。

银鱼蔬菜饭

25分钟 100克/日 夏季

本品口感柔软，香气浓郁。其主料大米中的蛋白质主要是米精蛋白，氨基酸的组成比较完全，人体容易消化吸收，适合当主食给孩子食用。

原料

银鱼100克、胡萝卜100克、大米100克、嫩豌豆荚20克、海藻干50克

做法

1. 胡萝卜洗净去皮，切成丝；海藻干泡发后用清水洗净；银鱼清洗干净。
2. 大米淘洗干净，与胡萝卜丝、海藻一起煮熟后焖5分钟。
3. 豌豆荚洗净，去边丝，切成丝，与银鱼一起入沸水中汆烫至熟，捞出倒入饭内拌匀即可。

小贴士

胡萝卜丝可以用厨房专用的礤丝器礤取。

灌汤小笼包

60 分钟　100 克 / 日　全年

本品皮薄馅大，肉鲜味美，灌汤流油，软嫩鲜香，令人食欲大增，适合给孩子做主食或点心食用。

原料

面团 500 克、肉馅 200 克

做法

1. 将面团揉匀后，搓成长条，再切成小面剂，用擀面杖将面剂擀成面皮。
2. 取一面皮，内放 50 克馅料，将面皮从四周向中间包好。
3. 包好以后，放置醒发半小时左右，再上笼蒸至熟即可。

小贴士

吃灌汤包的时候不可分神，避免汤汁流掉。

家乡咸水饺

20 分钟　75 克 / 日　全年

本品色泽金黄，口感香脆，看起来十分诱人。馅料中加入了猪肉、虾米等，口感很鲜，不会使人觉得腻，很适合给孩子当点心食用。

原料

猪肉 150 克、虾米 20 克、糯米粉 500 克、猪油 150 毫升、澄面 150 克、盐 2 克、白糖 10 克、食用油适量

做法

1. 清水、白糖煮开，加入糯米粉、澄面，烫熟后倒出在案板上搓匀。
2. 加入猪油搓至面团纯滑，然后搓成长条状，分切成 30 克 1 个的小面团，压薄备用。
3. 猪肉切碎与虾米加盐和白糖炒熟，用压薄的面皮包入馅料，将包口捏紧成型。
4. 以 150℃油温炸成浅金黄色熟透即可。

小贴士

炸的时候，咸水饺浮到上面后要将火调小，避免糯米皮爆掉。

带子拌菠菜粉

9分钟 100克/日 秋季

本品营养素种类非常多，属于高蛋白、低脂肪菜肴。可补充维生素A、维生素C、钙、磷、胡萝卜素等，有清热理气，防病抗病的功效。

原料

菠菜150克、意大利粉150克、带子10克、面粉10克、洋葱1个、番茄10克、盐3克、胡椒粉3克、味精2克、牛油适量

做法

1. 菠菜洗净切段；洋葱、番茄洗净切碎；意大利粉煮熟，捞出沥干水分。
2. 牛油烧热，放菠菜炒香。
3. 锅中再加入意大利粉一起炒熟，调入盐、胡椒粉、味精炒匀后装盘，将带子裹上面粉扒熟，摆在意大利粉上即可。

小贴士

烹饪前，可将菠菜放盐水中浸泡10分钟。

担担面

15分钟 100克/日 全年

本品面条细薄，肉质香，汤汁鲜美。其主要营养成分包含蛋白质、脂肪、碳水化合物以及铁、维生素C等，有改善贫血、增强免疫力的作用。

原料

猪肉100克、碱水面适量、盐3克、甜酱10克、花椒粉5克、姜丝5克、葱花7克、辣椒油5毫升、料酒10毫升、上汤适量、食用油适量

做法

1. 猪肉洗净剁成糜。
2. 油烧热，放入肉糜炒熟，再加盐、姜丝、花椒粉、甜酱、辣椒油和料酒，炒至干香，盛碗备用；将面煮熟。
3. 将面盛入放有上汤的碗内，加炒好的碎肉，撒葱花即可。

小贴士

可以根据孩子的喜好适当减少辣椒油的用量。

蔬菜三明治

8分钟　75克/日　全年

本品原料简单，简单易做，纤维素和维生素含量较多，还有大量的钙、磷、铁等矿物质，营养丰富，老少皆宜。

原料

吐司2片、生菜50克、苜蓿芽50克、色拉酱15克、蔬菜奶酪酱15克、食用油适量

做法

1. 生菜洗净切丝；苜蓿芽洗净，与生菜丝放入碗中，加色拉酱拌匀。
2. 吐司放入油锅中，煎至两面金黄，取一片摊平，抹上一半蔬菜奶酪酱，铺入生菜沙拉，淋入其余蔬菜奶酪酱，盖上另一片吐司，略为压紧，盛出，待食用时切成菱形块即可。

小贴士

生菜中可能含有农药残留，吃前一定要洗净。

炸薯条

15分钟　75克/日　夏、秋季

本品简单易做，脆香爽口，尤适合作零食食用。需要注意的是，本品热量高，容易使人发胖，家长可适当给孩子食用，但不宜常食。

原料

土豆400克、盐3克、淀粉20克、黄油15克、番茄酱10克、食用油适量

做法

1. 土豆去皮，洗净，切成粗条，放淡盐水中泡洗后，捞出沥干。
2. 将土豆条裹匀淀粉。
3. 油锅内倒适量油及黄油，烧热，放入土豆条炸酥捞出，加盐调味；食用时，蘸番茄酱即可。

小贴士

油锅不宜太热，否则薯条容易被炸煳。

吉士馒头

50分钟 100克/日 夏季

本品具有浓郁的奶香，容易引起孩子的食欲，可给孩子做早餐或零食食用。

原料

面团500克、吉士粉15克、椰浆10毫升、白糖20克

做法

1. 将吉士粉、椰浆、白糖加入面团中，揉匀，再擀成薄面皮。
2. 将面皮从外向里卷起，呈圆筒形。
3. 将圆筒形面团揉成长条，分切成大约50克/个的小面剂。
4. 常温放置醒发后，将馒头上笼蒸至熟透即可。

小贴士

应选购粉粒细匀的吉士粉。

鸡仔饼

35分钟 100克/日 全年

本品富含优质蛋白质、不饱和脂肪酸、卵磷脂以及多种维生素和矿物质，既能补充能量，又能补充多种营养素，适合生长发育期的孩子食用。

原料

面粉250克、花生20克、瓜子仁20克、白芝麻20克、核桃20克、蛋黄30克、盐3克、白糖50克、山羊糕粉15克、碱水适量、色拉油适量

做法

1. 花生炒香切碎；白芝麻炒香；瓜子仁、核桃切碎，加山羊糕粉、盐拌匀。
2. 面粉加白糖、色拉油、碱水揉成面团，搓成条后下面剂擀薄，放馅料对折捏紧剂口刷蛋黄液，入烤箱，用200~220℃的炉温烤25分钟左右即可。

小贴士

裹上淀粉炸可以使花生的口感更加香脆。

韭菜肉包

本品闻起来香，吃起来鲜，口感佳，适合给孩子当早餐食用，也可在孩子饿的时候加餐食用。

80 分钟　150 克 / 日　春季

原料

面团 200 克、韭菜 250 克、猪肉 100 克、盐 3 克、味精 15 克、香油 5 毫升

做法

1. 韭菜、猪肉分别洗净，切末，与所有配料一起拌匀成馅。
2. 将面团下成大小均匀的面剂，再擀成面皮，取一面皮，内放 20 克馅料。
3. 再将面皮的边缘向中间捏起。
4. 打褶包好，放置醒发 1 小时左右，上笼蒸熟即可。

小贴士

擀面皮的时候要稍薄一些，这样才能熟得快。

橙片全麦三明治

本品是全麦制品，富含碳水化合物、淀粉、蛋白质、氨基酸和 B 族维生素等营养成分，搭配鸡蛋、生菜、柳橙等食材，营养价值较高。

7 分钟　75 克 / 日　夏季

原料

全麦吐司 4 片、柳橙 1 个、鸡蛋 1 个、生菜叶 2 片、火腿 2 片、食用油适量

做法

1. 柳橙削皮，横切薄片。
2. 生菜叶洗净拭干；蛋煎熟。
3. 将吐司、火腿片、吐司、柳橙片、吐司、生菜片、蛋、吐司依序层层铺好，切边，再沿对角线斜切成两份。

小贴士

儿童应适当吃一些全麦制品。

珍珠米圆

150 分钟　100 克 / 日　夏季

本品清鲜可口，引人食欲，含有多种营养素，有助于促进孩子生长发育。其中的荸荠，磷含量尤其丰富，对孩子牙齿骨骼的发育有很大好处。

原料

猪瘦肉 200 克、糯米 150 克、鱼肉糜 150 克、荸荠碎 50 克、味精 2 克、料酒 3 毫升、葱花 5 克、盐 3 克、姜末 3 克、淀粉适量

做法

1. 猪瘦肉洗净剁成肉糜；糯米洗净后浸泡 2 小时。
2. 将猪肉糜和鱼肉糜放入钵内，加入盐、味精、料酒、淀粉、葱花、姜末、荸荠碎和清水拌匀，搅拌至发黏上劲。
3. 将肉糜挤成肉丸，将肉丸放在糯米上滚动使其粘匀糯米，再逐个摆在蒸笼内，蒸 15 分钟取出即可。

小贴士

选鱼肉糜时，草鱼是不错的选择。

珍珠圆子

160 分钟　150 克 / 日　夏季

本品不但营养价值高，而且卖相好，入口香，有助于提升孩子食欲，家长可经常做给孩子食用。

原料

五花肉 400 克、糯米 50 克、荸荠 50 克、鸡蛋 1 个、盐 3 克、味精 2 克、料酒 10 毫升、姜 20 克、葱 15 克

做法

1. 糯米洗净，用温水泡 2 小时，沥干水分；五花肉洗净剁成肉糜；荸荠去皮洗净，切末；葱、姜洗净切末；鸡蛋打入碗中拌匀。
2. 肉糜与荸荠末、鸡蛋液拌匀，加上配料一起搅上劲，再挤成直径约 3 厘米的肉圆，依次蘸上糯米。
3. 将糯米圆子放入笼中，蒸约 10 分钟取出装盘即可。

小贴士

将五花肉入水焯一下，可去除腥味。

田园南瓜饼

25分钟 100克/日 夏季

本品玲珑可爱，甜香适口，令人垂涎。其主料南瓜含有丰富的维生素A、B族维生素及多种矿物质、儿童必需的组氨酸，有增强免疫力的作用。

原料

南瓜100克、糯米面团200克、白糖15克、食用油适量、

做法

1. 南瓜去皮、去瓤，洗净切片，入锅蒸熟，取出压成泥；将南瓜泥、白糖和糯米面团和匀。
2. 揉成光滑面团，制成40克/个的小剂子。
3. 放入模子中做成南瓜状，入油锅炸至金黄色即可。

小贴士

炸南瓜剂子的时候，油温不宜太高。

南瓜小油香

30分钟 100克/日 夏、秋季

本品色泽诱人，入口香甜，令人“爱不释口”。南瓜还含有丰富的矿物质、氨基酸和儿童必需的组氨酸、可溶性纤维、叶黄素和磷、钾、钙、镁、锌等矿物质，儿童常食有益健康。

原料

面粉150克、南瓜500克、蛋黄35克、白糖15克、香油15毫升、食用油适量

做法

1. 南瓜去皮洗净，入蒸锅蒸熟，取出捣烂。
2. 将面粉兑适量水拌成絮状，加入南瓜泥、蛋黄、白糖和香油揉成面团。
3. 将面团擀成长条状，切成小方块，再将小方块拍成饼状，放入油锅炸熟即可。

小贴士

表皮有黑点的南瓜不宜购买。

山茱萸奶酪

30分钟 75克/日 夏季

本品优质脂肪含量丰富，有利于协助脂溶性维生素的吸收；另外还含有丰富的维生素C，有增强孩子免疫力的作用。

原料

山茱萸10克、鲜奶350毫升、动物性奶油150克、吉利丁10克、果酱10克、冰糖15克

做法

1. 山茱萸洗净，加水煮成汁；吉利丁用冰水泡软备用。
2. 将鲜奶和动物性奶油混合，用小火加热至80℃，熄火后加入吉利丁拌匀，冷却到快要凝结时，倒入模型中至八分满，放入冰箱中凝固定型，制成奶酪。
3. 将山茱萸汁和果酱、冰糖一起煮匀后熄火，淋在奶酪上，冷藏后即可食用。

小贴士

山茱萸不宜准备太多。

胡萝卜蛋糕

35分钟 100克/日 秋季

本品富含胡萝卜素、维生素A、维生素C、维生素D、维生素E以及膳食纤维，有益肝明目和增强免疫功能的作用，适合学龄期孩子食用。

原料

低筋面粉200克、鸡蛋4个、色拉油100克、红糖100克、胡萝卜丝10克、核桃仁10克、鲜奶50毫升、盐3克、泡打粉3克、肉桂粉3克

做法

1. 核桃仁切碎，备用；钢盆洗净沥干，打入鸡蛋，加盐、红糖搅成浓稠状，再倒入低筋面粉、泡打粉、肉桂粉拌匀。
2. 色拉油加热，倒入钢盆中，加入鲜奶、胡萝卜丝、核桃仁轻轻搅拌，拌成均匀柔软的面糊备用。
3. 将面糊装在模型中，进烤箱烤约20分钟，取出待凉，脱模即可食用。

小贴士

可将本品作为早餐给孩子食用。

蛋挞

40 分钟　75 克 / 日　全年

本品蛋白质和优质脂肪含量丰富，其中的奶油可以补充维生素 A，尤其适合视力不佳、视力下降的儿童食用。

原料

奶油 200 克、低筋面粉 300 克、蛋奶液 20 毫升、糖粉 30 克

做法

1. 奶油软化后，加入低筋面粉和糖粉搅拌均匀，放入保鲜袋中冷藏至凝固。
2. 取出后放入模型中夯实，并将边缘修整美观，排放在烤盘中。
3. 再倒上蛋奶液，约八分满，放入预热的烤箱中，烤约 20 分钟即可。

小贴士

奶油宜选择淡黄色、具有特殊芳香的。

火腿青蔬比萨

50 分钟　75 克 / 日　夏季

本品维生素含量丰富，有促进孩子生长、代谢、发育的作用，还可增强孩子免疫力，预防感冒，家长可常为孩子烹食。

原料

中筋面粉 600 克、奶油 50 克、蘑菇片 10 克、凤梨片 10 克、火腿片 10 克、番茄酱 10 克、黑橄榄 10 克、盐 3 克、白糖 5 克、乳酪丝 5 克、酵母水适量

做法

1. 蘑菇片、凤梨片洗净备用；中筋面粉筛入到台面上，加入酵母水、奶油、白糖、盐搓揉成有弹性的面团，用保鲜膜盖住发酵 20 分钟，擀成大饼状。
2. 将大饼在盘中铺好，均匀抹上乳酪丝，再撒上蘑菇片、凤梨片、火腿片、番茄酱、黑橄榄。
3. 将盘放入烤箱内，以 200℃烤 20 分钟，出炉即可。

小贴士

也可在中筋面粉中适当掺入奶粉。

樱花卷

25分钟　125克/日　夏、秋季

本品看上去很美观，有激起食欲的作用。因兼具大米饭、紫菜、黄瓜、萝卜、蟹柳、干瓢等多种食材，营养成分较为齐全，适合孩子食用。

原料

寿司饭120克、鱼松粉10克、紫菜20克、黄瓜100克、腌萝卜50克、蟹柳50克、干瓢50克、酱油15毫升、芥末5克、醋5毫升

做法

1. 将紫菜铺在竹帘上，放上寿司饭，压平；黄瓜洗净切丁，备用。
2. 寿司饭上均匀撒上一层鱼松粉；双手捏住紫菜的两边，翻转过来，让鱼松粉置下、紫菜置于上。
3. 在紫菜上摆上蟹柳、腌萝卜、黄瓜丁，撒上干瓢。
4. 用竹帘顺着紫菜卷成卷，然后将樱花卷从竹帘中取出。
5. 将樱花卷的两端切掉，将樱花卷切成小块，蘸酱油、芥末、醋调成的调料食用即可。

小贴士

可根据孩子的口感放入些白糖。

桃酥

40分钟　50克/日　秋季

本品含有优质蛋白质、不饱和脂肪酸、维生素B_1、维生素B_6以及铜、镁、钾等微量元素，营养成分丰富，营养价值高，适合生长发育期的孩子食用。

原料

低筋面粉160克、碎核桃60克、鸡蛋液15克、白糖160克、猪油3毫升、糖浆3毫升、盐3克、小苏打粉2克、泡打粉2克

做法

1. 钢盆中放入猪油、白糖拌匀，再加入鸡蛋液、糖浆、盐、小苏打粉、泡打粉，用适量温开水搅成奶油糊。
2. 低筋面粉倒在工作台上，倒入奶油糊揉匀。
3. 面团中撒入碎核桃拌匀，搓揉至椭圆形。
4. 将面团压扁，中心用拇指按压一个凹洞，放入预热的烤箱中，烤15分钟，至表面金黄色即可。

小贴士

也可适当加入一些芝麻、松子，营养更好。

十色豆寿司

60分钟　100克/日　全年

本品植物蛋白含量丰富，营养价值较高，加上葡萄干的补血作用，芝麻的健脑作用，薏米的利水作用，可为孩子提供全方位的营养。

原料

黑豆20克、红豆20克、绿豆20克、米豆20克、薏米20克、大米20克、葡萄干10克、芝麻5克、白糖5克、食用油适量

做法

1. 黑豆、红豆、绿豆、米豆、薏米均洗净，泡发至胀大，捞出；大米洗净，浸水15分钟煮熟；芝麻洗净，沥干。
2. 油锅烧热，放芝麻炒熟，加白糖调味备用；电锅加水，倒入黑豆、红豆、绿豆、米豆、薏米煮熟，取出备用。
3. 将米饭混合各色豆子制成寿司，入盘后撒上芝麻即可。

小贴士

红豆难以煮熟，可煮时间稍微久一些。

铜锣烧

30分钟　75克/日　夏季

本品含有优质蛋白质，其中鸡蛋中含有人体所必需的八种氨基酸，人体吸收率极高。此外，本品还含有丰富的卵磷脂、钙、磷、铁、粗纤维等，可增强体质。

原料

红豆沙350克、鸡蛋4个、低筋面粉150克、蜂蜜5毫升、小苏打粉3克、食用油适量

做法

1. 将鸡蛋打入钢盆中，放入低筋面粉、小苏打粉、蜂蜜，加少许温开水，拌匀成面糊。
2. 平底锅用小火烧热，在锅的中心点倒入面糊，煎至表皮金黄，再翻面煎至轻微的焦黄色。
3. 每两片夹入适量红豆沙，叠放入盘即可。

小贴士

本品可作为零食供孩子常食。

花生糖

30 分钟 100 克 / 日 全年

本品香甜酥脆，其中的花生富含不饱和脂肪酸、卵磷脂，有促进人的脑细胞发育和补益大脑的作用，适合给孩子当零食食用。

原料

花生米 300 克、红糖 200 克

做法

1. 将花生米洗净，放入锅中，用小火干炒至熟捞出。
2. 锅中加红糖，炒融呈糖稀状，下入花生米，拌匀。
3. 再将花生装入四方容器中，待冷却后切成条块。

小贴士

本品糖分较高，不推荐孩子过多食用。

洛神花茶冻

50 分钟 50 克 / 日 全年

本品中膳食纤维含量丰富，有调节肠道功能的作用，可帮助润肠通便，尤适合易上火、便秘的孩子食用。且果冻能量低，不会造成儿童发胖。

原料

干制洛神花 50 克、果冻粉 60 克、白糖 10 克

做法

1. 干制洛神花用清水冲洗一下，沥干后做成药包。
2. 电锅加水烧热，放入药包焖煮 35 分钟，取出药包。
3. 改中火，放入果冻粉、白糖搅拌均匀，倒入模型中，转至冰箱冷藏成型即可。

小贴士

本品消化较快，只适合当零食食用。

柠檬小蛋糕

30 分钟　75 克 / 日　夏季

本品蛋白质、碳水化合物含量较多，另外还含有一定量的脂肪和微量元素，可为孩子补充能量，是一种不错的日常零食。

原料

柠檬巧克力 200 克、低筋面粉 150 克、奶油 150 克、鸡蛋 150 克、鲜奶 50 毫升、白糖 10 克

做法

1. 将鸡蛋磕破，蛋白放入钢盆中，分两次加入白糖，打发至颜色变白备用。
2. 钢盆加入软化的奶油拌匀，再加入鲜奶、低筋面粉拌匀；打发好的蛋白分两次加入钢盆中拌匀。
3. 将面糊尽快装模，放入预热的烤箱中，烤约 15 分钟。出炉后脱模，再淋入熔化的柠檬巧克力，待凝固即可食用。

小贴士

不宜在饭前给孩子吃本品，否则会影响其正常食欲。

红枣奶油蛋糕

40 分钟　175 克 / 日　全年

本品甜而不腻，绵软中透着香甜，令人垂涎，适合给孩子当早餐或零食食用。由于其中加入了红枣、鸡蛋、杏仁等物质，营养价值相对较高。

原料

鸡蛋 5 个、奶油 100 克、低筋面粉 100 克、高筋面粉 25 克、红枣 10 颗、杏仁片 10 克、白兰地 10 毫升、蜂蜜 10 毫升、糖粉 75 克、奶香粉 1 克、泡打粉 3 克

做法

1. 红枣洗净，去核切碎；把蜂蜜、奶油、糖粉混合，打至奶白色；依次打入鸡蛋拌匀至无液体状。
2. 先加入低筋面粉、高筋面粉、泡打粉、奶香粉拌至无粉粒，再加入用白兰地浸泡的红枣拌匀。
3. 将面糊入烤盘内的纸托里八分满，在表面上撒上杏仁片装饰，入烤炉，用 150℃的炉温烘烤，烤约 25 分钟即可。

小贴士

杏仁不宜放置太多。

土豆虾球

15分钟　75克/日　夏、秋季

本品外酥内香，香而不腻。其主料虾仁含优质蛋白质及多种维生素、矿物质；土豆富含有丰富的淀粉质，有补充能量的作用。

原料

土豆50克、虾仁100克、盐3克、食用油适量

做法

1. 将土豆洗净去皮，切成块蒸熟，加入少许温水、盐，和成土豆泥。
2. 将虾仁洗净，切成碎块，裹上土豆泥。
3. 放入油锅炸熟即可。

小贴士

吃的时候，也可搭配番茄酱食用。

红豆糕

50分钟　75克/日　夏季

本品不但口感好，而且其中的红豆富含膳食纤维，具有良好的润肠通便和解毒作用，可以帮助孩子预防便秘。

原料

红豆100克、冰糖150克、花生油适量

做法

1. 红豆浸泡，放入煲内煮滚，改小火煮至红豆开花。
2. 红豆水、红豆和冰糖煮溶，加适量花生油拌匀；荸荠粉用1杯水溶开，徐徐倒入糖水内搅至稠（小火），倒入糕盆内，大火隔水蒸30分钟，待冷却后放冰箱冷藏，可随时切件享用。

小贴士

红豆有利水作用，尿多的儿童不宜食用太多。

红豆蛋糕

45 分钟　150 克 / 日　全年

本品松软美味，一般孩子都爱吃。家长可提前做好给孩子当早餐食用，能补充碳水化合物、蛋白质等营养素。

原料

蛋清 50 克、低筋面粉 30 克、玉米淀粉 25 克、柠檬果膏 15 克、红豆 25 克、盐 1 克、白糖 160 克、塔塔粉 4 克、糖粉 25 克、奶粉 15 克、奶香粉 1 克

做法

1. 红豆洗净稍煮备用；把蛋清、盐、白糖、塔塔粉倒在一起，先慢后快打至鸡尾状。
2. 加入低筋面粉、玉米淀粉、奶粉、奶香粉，用胶刮拌匀。
3. 加入红豆拌匀，表面撒上糖粉。
4. 入炉以 170℃的炉温烘烤，烤约 30 分钟，熟透后出炉，冷却。
5. 把糕体置于案台上，取走粘在糕体上的白纸，抹上柠檬果膏卷起定型，分切成小件即可。

小贴士

本品制作较麻烦，家长要耐心方可成功。

南瓜蛋糕

40 分钟　100 克 / 日　夏季

本品看起来十分诱人，食之酥脆清香。其中含有鸡蛋、奶油、牛奶等营养价值较高的食材，因此既可当主食给孩子食用，也可作零食。

原料

熟南瓜肉 138 克、奶油 110 克、糖粉 100 克、鸡蛋 2 个、中筋面粉 200 克、鲜奶适量、吉士粉 10 克、泡打粉 6 克、奶香粉 2 克、瓜子仁 15 克、盐 3 克

做法

1. 鸡蛋打入碗中搅匀；把熟南瓜肉、奶油、糖粉、鸡蛋液、盐混合，先慢后快打至完全均匀。
2. 再加入中筋面粉、吉士粉、泡打粉、奶香粉，拌至无粉粒，最后加鲜奶拌匀。
3. 装入裱花袋，挤入纸托内八分满，在表面撒上瓜子仁，入炉以 150℃的炉温烘烤，约 25 分钟至完全熟透即可。

小贴士

做蛋糕造型时，要趁热。

千层吐司

12分钟 100克/日 夏季

本品酸、香、鲜，松软好吃，风味独特。因含有蛋白质、碳水化合物、少量维生素及铁等矿物质，营养价值比较高，适合孩子食用。

原料

吐司150克、调味紫菜10克、葡萄干10克、圣女果3颗、芝麻酱15克

做法

1. 圣女果洗净摆盘；吐司切成条状，抹上芝麻酱，撒上葡萄干。
2. 将调味紫菜平铺，均匀地抹上芝麻酱，再将吐司放置其上，卷成卷儿，用牙签固定住。
3. 食用时，切成段即可。

小贴士

可根据孩子口感抹上一层蜂蜜。

意大利粉

15分钟 150克/日 夏、秋季

本品中的意大利粉呈黄色，具有高密度、高蛋白质、高筋度等特点，口感好，配以鲜鱿、蟹柳、带子、石斑、蘑菇等食材，口味多样，营养丰富。

原料

鲜鱿25克、蟹柳25克、带子15克、石斑15克、意大利粉50克、蘑菇15克、红甜椒1个、色拉酱15克、橄榄油15毫升

做法

1. 蘑菇洗净切薄片。红甜椒洗净切片。海鲜入烧开的水中稍烫后用色拉酱拌匀。
2. 水烧开，放入意大利粉焯熟，捞出沥干。
3. 油烧热，放入意大利粉、海鲜色拉酱、蘑菇片、红甜椒炒匀至熟，装盘即可。

小贴士

煮意大利粉的水可以留到下次烹饪时再用，下次煮出来的粉更美味。

鲔鱼三明治

5分钟　75克/日　夏、秋季

本品含有蛋白质、脂肪、碳水化合物、少量维生素及钙、钾、镁、锌等矿物质，补充能量效果显著，适合当早餐或零食食用。

原料

吐司片50克、芝士片25克、莴笋叶15克、酸奶150毫升、番茄丁10克、鲔鱼酱15克

做法

1. 莴笋叶洗净，入沸水稍微焯一下，捞出沥水待用。
2. 取吐司一片涂抹上酸奶，依序放上莴笋叶、番茄丁、芝士片，再盖上另一片吐司，抹上一层鲔鱼酱，再盖上第三片吐司，做成三明治。
3. 用牙签固定住四角，用锯齿刀修整边缘，最后切对角线即可。

小贴士

莴笋叶稍焯即可，不可煮太久。

香芋蛋糕

45分钟　100克/日　秋季

本品含有多种微量元素，儿童常食能增强免疫功能。由于制作过程较为麻烦，家长可作为零食给孩子食用。

原料

熟香芋肉125克、奶油75克、鸡蛋2个、鲜奶50毫升、中筋面粉125克、瓜子仁25克、奶香粉1克、香芋色香油10毫升、糖粉113克、盐3克、蜂蜜10毫升、泡打粉4克

做法

1. 鸡蛋打入碗中搅拌均匀；把熟香芋肉打烂，与奶油、糖粉、盐、蜂蜜、鸡蛋液、香芋色香油混合拌匀。
2. 加中筋面粉、泡打粉、奶香粉，先慢后快，拌至无粉粒，再加鲜奶拌匀。
3. 将蛋糕糊装入裱花袋，挤入纸托内八分满，撒上瓜子仁装饰。
4. 入炉以150℃的炉温烤25分钟，至完全熟透后出炉即可。

小贴士

香芋蒸熟后用冷水冷却，可快速去皮。

杏片松糕

40 分钟　125 克 / 日　全年

本品酥、香、甜，还带有杏仁特有的清香，口味独特。因兼具鸡蛋、杏仁等食材，优质蛋白质及不饱和脂肪酸含量较高，适合孩子食用。

原料

面粉 150 克、杏仁粉 50 克、鸡蛋 2 个、杏仁片 20 克、茯苓粉 5 克、泡打粉 5 克、白糖 10 克、色拉油 10 毫升

做法

1. 台面上筛入面粉、茯苓粉、泡打粉，打入鸡蛋和匀，再倒入杏仁粉、白糖，加色拉油搅拌均匀后即为面糊。
2. 将面糊倒入模型中，约八分满，撒上杏仁片。
3. 烤箱预热至 180℃，将模型放入烤约 25 分钟，取出即可。

小贴士

烤的时候注意控制温度。

蓝莓蛋糕卷

70 分钟　75 克 / 日　春、夏季

本品含有浓浓的奶香味，还夹杂着蓝莓果馅和柠檬果膏特有的果香，非常美味。蓝莓果馅含有一定的花青素，有保护视力的作用。

原料

蛋黄 30 克、蛋清 50 克、鲜奶 100 毫升、低筋面粉 100 克、蓝莓果馅 60 克、白糖 50 克、塔塔粉 5 克、栗粉 20 克、柠檬果膏 25 克、色拉油 10 毫升、盐 2 克

做法

1. 把清水、鲜奶、色拉油、低筋面粉、10 克栗粉拌匀，再加入蛋黄拌成面糊。
2. 把蛋清、塔塔粉、剩余栗粉、白糖、盐混合打匀，分次加入面糊完全拌匀，加入蓝莓果馅拌匀，倒入烤盘内，入烤炉，以 170℃的炉温烘烤，烤 30 分钟，出炉冷却，在糕体表面抹上柠檬果膏。卷起定型，切成小件即可。

小贴士

蛋糕凉后更好卷起定型。

奶油苹果蛋糕

50分钟　55克/日　春、夏季

本品松软香甜，富有营养，易于消化，因含奶油、鸡蛋、鲜奶、瓜子仁等富含优质蛋白质及多种营养素，营养价值较高，既可给孩子作甜品食用，也可作主食。

原料

奶油150克、鸡蛋4个、低筋面粉350克、鲜奶150毫升、苹果丁150克、瓜子仁15克、糖粉160克、盐2克、泡打粉15克

做法

1. 鸡蛋打散搅匀；把奶油、糖粉、盐倒在一起，先慢后快，打至奶白色，分次加入鸡蛋液拌匀。
2. 再加入低筋面粉、泡打粉拌至无粉粒，然后分次加入鲜奶完全搅拌均匀，最后加入苹果丁拌匀。
3. 装入裱花袋，挤入纸模内八分满，撒上瓜子仁。
4. 入炉，用140℃的炉温烤约30分钟，完全熟透出炉即可。

小贴士

烘烤时控制炉温稳定至关重要。

杯子蛋糕

40分钟　50克/日　全年

本品口感甜香，营养成分较多。其中的奶油是所有动物性脂肪中较佳的一种，还含有丰富的维生素A和维生素D；葡萄干中铁、钙含量丰富，是儿童的滋补佳品。

原料

奶油70克、低筋面粉70克、葡萄干30克、鸡蛋2个、糖粉50克、泡打粉15克、朗姆酒10毫升

做法

1. 鸡蛋打散搅拌均匀；奶油打发后加糖粉、鸡蛋液一起倒入盆中拌匀，再筛入低筋面粉、泡打粉拌匀。
2. 葡萄干用朗姆酒泡发后，一起倒入盆中搅拌成面糊。
3. 将面糊挤入纸杯中约八分满，放入预热的烤箱中烤至表面呈金黄色即可。

小贴士

可适当加大蛋黄的量。

蔬菜蛋糕

65分钟　100克/日　全年

本品含有碳水化合物、蛋白质、脂肪、维生素及钙、钾、磷、钠、镁、硒等矿物质，营养成分相对齐全，适合孩子食用。

原料

低筋面粉90克、玉米淀粉40克、蔬菜丝15克、蛋黄30克、蛋清50克、色拉油75毫升、白胡椒粉2克、白糖50克、塔塔粉2克、盐3克、柠檬果膏15克

做法

1. 先把清水、色拉油拌匀后，加入低筋面粉、玉米淀粉、白胡椒粉拌匀，再加入蛋黄拌成面糊，加蔬菜丝拌匀。
2. 把蛋清、白糖、盐、塔塔粉混合，打至鸡尾状。
3. 把鸡尾状物质分次加入有蔬菜丝的混合物中，面糊倒入烤盘，入烤炉以170℃的炉温烘烤25分钟，出炉冷却。
4. 糕体抹上柠檬果膏后卷起，切件即可。

小贴士

烤蛋糕时要把握好温度，烤箱要预热。

香蕉蛋糕

45分钟　75克/日　全年

本品既有奶香味，又含有香蕉特有的清香，食之香甜可口。其主料香蕉几乎含有所有的维生素和矿物质，且食物膳食纤维含量丰富，适合孩子食用。

原料

香蕉5根、低筋面粉100克、玉米淀粉40克、鸡蛋3个、色拉油50毫升、奶香粉10克、白糖100克、塔塔粉10克、盐1克

做法

1. 香蕉肉搅成泥，然后加清水、色拉油拌匀，再加入低筋面粉、玉米淀粉、奶香粉拌至无粉粒，最后加入蛋黄拌成面糊。
2. 把蛋清、白糖、塔塔粉、盐混合，中速打至白糖完全溶化，再快速打至鸡尾状。
3. 先把1/3的鸡尾状物加入面糊中拌匀，再把剩余的加入，快速拌匀，倒入模具内九分满。入烤炉，用170℃的炉温烤30分钟即可。

小贴士

宜选购熟透的香蕉，烤出来的蛋糕更香甜。

第三章

小学生的家常荤菜

荤菜因食材搭配的多样化，所以包含的营养素种类相对较多，如各种矿物质、维生素、优质蛋白质等，具备主食所不具备的营养功能，对人体的各项补益效果也更大。因此，家长还要有意识地为孩子补充营养价值较高的荤菜。

白灵菇炒鱼丝

12 分钟　75 克 / 日　春、秋季

本品具有益气血、健筋骨、通小便的作用，其中的鲮鱼功效等同于鲫鱼，营养价值较高，对孩子有较好的补益作用。

原料

白灵菇 100 克、鲮鱼肉 150 克、青椒 1 个、红椒 1 个、盐 3 克、味精 2 克、胡椒粉 5 克、白糖 3 克、食用油适量

做法

1. 白灵菇洗净，切丝后焯水；鲮鱼洗净；青椒、红椒去蒂、去籽切丝。
2. 鲮鱼肉剁成泥，调入盐、味精、胡椒粉打匀，刮成丝状。
3. 油烧热，放入白灵菇、青椒、红椒稍炒，加入鱼丝炒熟，调入盐、白糖、胡椒粉、味精炒匀即可。

小贴士

也可将此品改为小火炖的方式烹调。

排骨烧玉米

25 分钟　100 克 / 日　夏季

本品爽口清新，营养美味。其中的玉米有健脾益胃、防癌抗癌的作用，排骨可补脾和胃、益气生津、润心肺，二者同食有助于增强孩子抵抗力。

原料

排骨 300 克、玉米 100 克、青椒 2 个、红椒 2 个、盐 3 克、味精 2 克、酱油 15 毫升、白糖 10 克、食用油适量

做法

1. 排骨洗净，剁成块；玉米洗净，切块；青椒、红椒洗净，切片。
2. 锅中注油烧热，放入排骨炒至发白，再放入玉米、红椒、青椒炒匀。
3. 注入适量清水放入酱油、白糖，煮至汁干时，加入盐、味精调味，起锅装盘即可。

小贴士

排骨放沸水中焯一下效果会更好。

小炒羊肉

70 分钟　75 克 / 日　秋、冬季

本品肉质细嫩，鲜而不腻，十分美味。其主料羊肉营养丰富，容易被人体吸收和消化，常食羊肉有助于补充多种营养素，在冬季还有助于提高抗病能力。

原料

羊肉 500 克、香菜 15 克、红椒 2 个、姜末 3 克、蒜末 3 克、盐 3 克、料酒 15 毫升、酱油 3 毫升、辣椒酱 5 克、淀粉适量、食用油适量

做法

1. 羊肉处理干净切片，用盐、料酒、淀粉、酱油腌渍约 1 小时；香菜洗净切段；红椒去蒂，洗净切末。
2. 油锅烧热，下羊肉快炒至变色，下入红椒末、辣椒酱、姜末、蒜末、盐、料酒，大火翻炒，撒上香菜即成。

小贴士

选羊肉的时候不宜选择肉质较粗的，这种羊肉多为老羊肉。

蒜苗炒羊肉

15 分钟　125 克 / 日　春季

本品蒜香扑鼻，肉质细嫩，美味可口，有提升人食欲的作用。其主料羊肉营养丰富，易消化，适合孩子食用。

原料

羊肉 250 克、蒜苗 15 克、青椒 1 个、红椒 1 个、黑胡椒粉 10 克、盐 3 克、嫩肉粉 5 克、酱油 3 毫升、料酒 5 毫升、大蒜 10 克、食用油适量

做法

1. 羊肉洗净切块，加嫩肉粉、盐、料酒腌渍；蒜苗洗净切段，青椒、红椒洗净后切成菱形片；蒜苗与青椒、红椒同焯水后摆盘；大蒜洗净切片。
2. 油锅烧热，爆香大蒜，下羊肉炒熟，放入黑胡椒粉，调入酱油炒至上色。
3. 起锅装入摆有蒜苗的盘中即可。

小贴士

炒羊肉时稍微多放点油，有助于保持羊肉片的完整。

小炒鸡杂

15 分钟　75 克 / 日　秋季

本品口感脆嫩，滋味酸、香、辣，令人食欲大增。其主料鸡肫有消食导滞、帮助消化的作用；鸡肝营养丰富，是补血之佳品。

原料

鸡肫 150 克、鸡肝 150 克、酸菜 100 克、红辣椒 2 个、姜 20 克、盐 3 克、胡椒粉 3 克、醋 3 毫升、食用油适量

做法

1. 酸菜与姜分别洗净，切丝；红辣椒洗净去蒂，切丝；鸡肫、鸡肝洗净切片，均汆水；酸菜洗净沥干备用。
2. 锅中倒油烧热，爆香姜，放入酸菜、红辣椒翻炒，加入鸡肫、鸡肝及其他调味料炒至汤汁收干，即可盛出。

小贴士

鸡肫、鸡肝汆水的目的是为了去除异味。

蒜香红烧肉

10 分钟　100 克 / 日　冬季

本品颜色诱人，肉质肥而不腻，有补肾、滋阴、益气等作用。因综合了五花肉和上海青两种食材，荤素搭配得当，营养丰富，适合孩子食用。

原料

五花肉 500 克、上海青 50 克、大蒜 10 克、白糖 3 克、盐 3 克、料酒 5 毫升、酱油 10 毫升、八角 15 克、葱花 10 克、鸡汤适量、食用油适量

做法

1. 五花肉洗净，汆水后，切方块；上海青洗净，焯水后摆盘；大蒜焯水。
2. 起油锅，加白糖炒上色，放入肉和盐、料酒、酱油、八角、鸡汤煨至肉熟，起锅放在上海青上，撒上葱花，摆上大蒜即可。

小贴士

五花肉煮熟后再切块，可避免肉太油腻。

炖烧猪尾

60分钟 75克/日 秋、冬季

本品具有益骨髓的功效，有促进骨骼发育的作用，适合生长发育期的孩子。猪尾中的蛋白质和胶质还可补益肌肤，能改善孩子气色。

原料

猪尾骨1根、枸杞子3克、红枣3颗、葱3克、姜2克、料酒15毫升、酱油10毫升、醋5毫升、白糖4克

做法

1. 猪尾骨洗净斩块；葱洗净切段；姜洗净切片；枸杞子、红枣泡发洗净。
2. 锅中注水烧开，下猪尾骨块汆烫，捞出沥水。
3. 锅上火，放入猪尾骨块、枸杞子、红枣、葱段、姜片及其他配料，加适量水，用小火炖煮50分钟，大火收汁即可。

小贴士

猪尾也适合卤、酱、凉拌等烹调方式。

孜然猪爽肉

28 分钟　100 克 / 日　全年

本品具有补虚强身、滋阴润燥、丰肌泽肤等作用，对于易上火和营养不良的孩子有较好的补益作用。

原料

猪肉 200 克、彩椒 3 个、蛋清 40 克、洋葱 1 个、孜然粉 4 克、蒜末 3 克、姜末 3 克、胡椒粉 3 克、料酒 3 毫升、盐 2 克、味精 1 克、食用油适量

做法

1. 猪肉洗净切片，用胡椒粉、料酒腌渍 15 分钟，再以蛋清上浆；彩椒去蒂洗净，切丝；洋葱洗净切片。
2. 锅内放油烧至八成热，下蒜末、姜末爆香，猪肉入锅后加孜然粉，用大火快炒至断生。
3. 加入彩椒、洋葱翻炒片刻，调入盐、味精炒匀，起锅装盘即可。

小贴士

猪肉肉质比较细，斜切口感更佳。

甜椒炒鸡柳

12 分钟　100 克 / 日　夏季

本品色彩多样，荤素搭配得当，营养丰富而均衡，老少皆宜。其中的鸡胸肉对营养不良、贫血、虚弱等症有较好的调理作用，适合孩子食用。

原料

鸡胸肉 150 克、青椒 1 个、红椒 2 个、蛋液 40 克、蒜 3 克、盐 3 克、酱油 3 毫升、胡椒粉 3 克、白糖 3 克、水淀粉适量、食用油适量

做法

1. 青椒、红椒洗净，蒜去皮，均切片；鸡胸肉洗净，去骨后切条；鸡肉用盐、酱油、胡椒粉、蛋液腌渍，入油锅炒至变白。
2. 另起油锅，蒜爆香，入鸡肉、椒片、酱油、白糖、水，炒匀至水分收干，用水淀粉勾芡。

小贴士

鸡肉本身含有谷氨酸钠，所以在烹制的时候不用再放鸡精，以免影响口感。

煎牛小排

20分钟　125克/日　夏、秋季

本品蛋白质含量丰富，氨基酸组成也更贴近人体的需要，对孩子生长发育有益，还可提高孩子的抗病能力。

原料

牛小排400克、洋葱1个、柠檬片10克、红辣椒片5克、盐3克、葱末5克、大蒜末5克、酱油5毫升、料酒5毫升、食用油适量

做法

1. 洋葱洗净切末；柠檬片、红辣椒片洗净摆盘。
2. 牛小排加入洋葱、葱末及酱油、料酒拌匀略腌，入油锅中煎至金黄色，盛出。
3. 大蒜末用余油爆香，加入洋葱及盐、清水、料酒煮开，最后加入牛小排煎至入味。

小贴士

牛小排也适合烤、炸、红烧，家长可尝试为孩子烹饪。

金针菇牛肉卷

20分钟　75克/日　春、秋季

本品味道鲜美，营养丰富，蛋白质含量丰富，尤其是赖氨酸的含量特别高。赖氨酸有促进儿童智力发育的作用，尤适合学龄期孩子食用。

原料

金针菇100克、牛肉100克、红椒1个、青椒1个、食用油50毫升、烧烤汁30毫升

做法

1. 牛肉洗净切成长薄片；青椒、红椒洗净切丝备用；金针菇洗净。
2. 用牛肉片将金针菇、辣椒丝卷入成卷状。
3. 锅中注入油烧热，放入牛肉卷煎熟，淋上烧烤汁即可。

小贴士

孩子每周吃一次牛肉即可，不可过食。

开胃鲈鱼

🕒60 分钟 100 克 / 日 ☺夏季

本品含有蛋白质、脂肪、碳水化合物、维生素 B_2、磷、铁等营养成分，可补肝肾、健脾胃，对正长身体时期的孩子有较好的补益作用。

原料

鲈鱼 1 条、红椒 1 个、青椒 1 个、盐 3 克、味精 1 克、醋 12 毫升、酱油 15 毫升、葱白 20 克

做法

1. 鲈鱼处理干净；青椒、红椒、葱白洗净，切丝。
2. 用盐、味精、醋、酱油将鲈鱼腌渍 30 分钟，装入盘中，并撒上葱白、红椒丝、青椒丝。
3. 再将鲈鱼放入蒸锅中蒸 20 分钟，取出浇上醋即可。

小贴士

鲈鱼最好的烹饪方式是清蒸，营养价值得以保持。

酱瓜鲜肉丸

🕒30 分钟 100 克 / 日 ☺全年

本品含有丰富的蛋白质、脂肪、碳水化合物、钙、磷、铁等有益成分，具有滋养强壮、健脾胃、助消化的作用，适合学龄期儿童食用。

原料

猪肉 200 克、黄瓜罐头 1 罐、山药 50 克、陈皮 25 克、盐 3 克

做法

1. 猪肉洗净，切丝；黄瓜罐头打开，取出黄瓜，切细丝；山药去皮，洗净切碎；陈皮洗净，泡发切末。
2. 将猪肉、黄瓜、山药、陈皮加盐拌匀，拌至有黏性，搓揉成椭圆形，放入瓦煲内。
3. 瓦煲中倒入黄瓜罐头汁水，再倒入适量清水，上火炉煮至熟即可。

小贴士

为山药去皮的时候，最好带上胶质手套。

南瓜蒸排骨

40分钟　125克/日　全年

本品营养丰富，其中的南瓜含有丰富的胡萝卜素、维生素C、锌，有健脾开胃和促进生长发育的作用；排骨味美，还可平衡营养，增强体质。

原料

南瓜200克、猪排骨300克、豆豉50克、盐3克、老抽3毫升、料酒5毫升、葱末3克、姜末3克、蒜末3克、红椒丝5克、食用油适量

做法

1. 猪排骨洗净，剁成块，汆水；豆豉入油锅炒香；南瓜洗净，切成大块排于碗中备用。
2. 将盐、老抽、料酒调成汤汁，再与豆豉、排骨拌匀，放入排有南瓜的碗中。
3. 将碗置于蒸锅内蒸半小时，取出撒上葱末、姜末、蒜末、红椒丝即可。

小贴士

不宜选购带有酒精味的南瓜。

香叶包鸡

30分钟　75克/日　夏、秋季

本品肉质细嫩，滋味鲜美，加上香茅、香兰叶这两种香料的搭配，风味更加浓郁。本品又属于高蛋白、低脂肪的食物，维生素A含量较多，非常适合孩子食用。

原料

鸡腿300克、香茅50克、香兰叶6片、盐2克、鸡精2克、黄姜粉3克、生粉3克、食用油适量

做法

1. 鸡腿洗净去骨，切大块；香兰叶洗净，沥干水；香茅洗净切碎。
2. 将鸡腿肉放入配料和香茅碎腌10分钟，再将鸡腿肉放入香兰叶中包成三角形，用牙签插入。
3. 油烧至八成热，将包好的鸡腿肉放入油锅中炸10分钟即可。

小贴士

可加少许柠檬汁以增进铁的吸收。

鱼香肉丝

本品色泽雅白，口味酸酸甜甜，肉丝软嫩，色香味俱全，营养价值也颇高，适合孩子食用。

33 分钟　150 克 / 日　全年

原料

猪里脊肉 300 克、荸荠 30 克、黑木耳 20 克、盐 3 克、葱 10 克、红椒末 10 克、大蒜 10 克、料酒 3 毫升、酱油 3 毫升、豆瓣酱 15 克、白糖 5 克、醋 5 毫升、香油 3 毫升、食用油适量

做法

1. 猪里脊肉洗净切丝，用盐、料酒腌约 10 分钟，入油锅中略炸，捞出控油备用。
2. 黑木耳洗净，切丝；荸荠去皮，洗净切条；葱、大蒜均去皮洗净切末。
3. 热锅下油，爆香葱、大蒜及红椒末，加入黑木耳、荸荠略炒，再加入猪里脊肉丝及白糖、酱油、醋、料酒、豆瓣酱炒至入味，淋入香油即可盛盘。

小贴士

清洗木耳时可用少许食醋加入清洗木耳的水中，然后轻轻搓洗，即可快速洗净。

松子鱼

本品嫩而不腻，有开胃滋补的作用，且松子所含的磷和锰对大脑和神经有补益作用，是健脑佳品。

20 分钟　125 克 / 日　秋季

原料

草鱼 1 条、松子 50 克、番茄酱 50 克、白糖 30 克、白醋 10 毫升、盐 3 克、食用油适量、干淀粉适量

做法

1. 草鱼洗净，将鱼头和鱼身斩断，于鱼身背部开刀，取出鱼脊骨，将鱼肉改成“象眼”形花刀，拍上干淀粉。
2. 下油烧热，将拌有干淀粉的去骨鱼和鱼头放入锅中炸至金黄色捞出。
3. 番茄酱、白糖、白醋、盐调成番茄汁，和松子一同淋于鱼上即可。

小贴士

宜选择个头大、颗粒饱满、颜色光亮、芽芯白的松子。

豆角炒肉末

10 分钟　125 克 / 日　夏季

本品脆香可口，美味消食。其主料豆角富含蛋白质和多种氨基酸，经常食用能健脾胃，尤适合夏季食欲不振的孩子食用。

原料

豆角 300 克、肉末 50 克、红椒 2 个、姜末 10 克、蒜末 140 克、盐 3 克、味精 2 克、鸡精 2 克、食用油适量

做法

1. 豆角择洗干净切碎；红椒洗净切碎备用。
2. 锅置于火上，油烧热，放入肉末炒香，加入红椒碎、姜末、蒜末一起炒出香味。
3. 放入鲜豆角碎，调入盐、味精、鸡精，炒匀入味即可出锅。

小贴士

豆角宜选购细一点、嫩一点的，炒出来才有脆感。

炒腰片

⏲15 分钟 🍴100 克 / 日 ☺全年

本品卖相好，令人垂涎，能吸引孩子，从而促进其食欲。而且本品荤素搭配，维生素和矿物质种类较多，有助于增强孩子免疫力。

原料

猪腰 1 副、黑木耳 50 克、荷兰豆 50 克、胡萝卜 50 克、盐 3 克、食用油适量

做法

1. 猪腰处理干净，切片，汆烫后捞起。
2. 黑木耳洗净切片；荷兰豆撕边丝后洗净；胡萝卜削皮洗净切片。
3. 炒锅加油，下黑木耳、荷兰豆、胡萝卜片炒匀，将熟前下腰片，加盐调味，拌炒腰片至熟即可。

小贴士

用少许食醋加入清洗木耳的水中，木耳洗得更干净。

菠菜炒猪肝

⏲13 分钟 🍴125 克 / 日 ☺秋季

本品补铁补血功效显著，有改善孩子气色的作用，尤适合贫血、体瘦的孩子，一般孩子常食可促进生长发育。

原料

猪肝 300 克、菠菜 300 克、盐 3 克、白糖 5 克、料酒 3 毫升、食用油适量

做法

1. 猪肝洗净切片，加料酒腌渍；菠菜洗净切段。
2. 油锅烧热，放入猪肝，以大火炒至猪肝片变色，盛起；锅中留底油继续加热，放入菠菜略炒一下，加入猪肝、盐、白糖炒匀即可。

小贴士

清洗猪肝的时候，应该先用面粉揉搓一遍，然后再用清水洗净。

蛋黄肉

30分钟 125克/日 冬季

本品动物蛋白含量丰富，对处于生长阶段的儿童来说非常有必要，营养不良、体重减轻、贫血、发育迟缓的儿童尤其适合食用。

原料

熟咸蛋1个、五花肉400克、蛋清70克、香菜50克、盐3克、鸡精2克、酱油2毫升、香油5毫升、生粉10克、食用油适量

做法

1. 五花肉洗净剁碎；熟咸蛋剥开，取出咸蛋黄，轻轻压扁；香菜洗净切段。
2. 五花肉装入碗，调入生粉、蛋清、盐、鸡精、酱油、香油搅拌均匀。
3. 锅置于火上，注入油烧热，放入压扁的蛋黄，煎出香味放入碗底，上面放上码好味的五花碎肉，上蒸锅蒸约20分钟，取出，倒入盘里，淋上酱油、香油，撒上香菜即可。

小贴士

分离蛋清和蛋黄时，蛋壳开的口不宜太小，否则蛋清流不出来。

竹笋炒猪血

12分钟 100克/日 春季

本品含有丰富的维生素B_2、维生素C以及铁、磷、钙等营养成分，有补血和增强免疫力的作用，适合生长发育期的孩子食用。

原料

猪血200克、竹笋100克、酱油5毫升、料酒10毫升、葱花10克、湿生粉10克、盐3克、色拉油10毫升

做法

1. 猪血洗净切成小块；竹笋去皮洗净，切成片。
2. 猪血、竹笋一起入锅中焯水待用；葱段洗净，部分切葱花。
3. 炒锅置于火上，注入色拉油烧热，下葱花炝锅，加入竹笋、猪血、料酒、酱油、盐翻炒至熟，最后下湿生粉勾芡，炒均匀即可。

小贴士

烹制竹笋的时候最好不要用铁锅，竹笋遇铁会变硬。

仔姜牛肉

12 分钟 150 克 / 日 秋季

本品肉质鲜软，口感鲜香，有增进孩子食欲的作用。其中的牛肉蛋白质含量丰富，且氨基酸组成更接近人体需要，适合生长发育期的孩子食用。

原料

牛肉 400 克、仔姜 90 克、盐 3 克、蒜苗 15 克、料酒 3 毫升、酱油 3 毫升、淀粉 5 克、白糖 5 克、食用油适量

做法

1. 牛肉洗净切丝，放入碗中，加入料酒、酱油、淀粉、白糖拌匀腌渍；蒜苗洗净，切丝；仔姜洗净，切丝。
2. 锅下油烧热，放入牛肉炒散，加入仔姜炒匀，再加入酱油、白糖、盐及蒜苗炒匀，盛入盘中即可。

小贴士

切牛肉的时候要逆着纹理切，这样切出来的牛肉口感比较好。

水蒸鸡

35 分钟 200 克 / 日 秋、冬季

本品口感鲜美，肉质细嫩，且营养丰富，滋补养身效果显著，秋令时节，可适当为孩子进补。

原料

鸡 1 只、红枣 5 颗、枸杞子 50 克、海马 3 只、盐 3 克、白糖 10 克、味精 2 克、鸡精 2 克、麦芽糖 1 克、味盐 3 克、食用油 20 毫升

做法

1. 将杀好的鸡洗净，用干净毛巾吸干水分；海马洗净。
2. 先用调好的味精和盐擦匀鸡身内外，再用生油擦匀鸡身，鸡腹内放入红枣、枸杞子及其他所有配料。
3. 将鸡、海马放入蒸炉，用猛火蒸 25 分钟至熟，取出斩件装盘，淋上原味的鸡汁即可。

小贴士

将宰好的鸡放在盐、胡椒和啤酒的混合液中浸一小时可去除异味。

石锅芋儿猪蹄

80分钟　150克/日　冬季

本品具有益脾养胃、强身健体的作用。其中猪蹄富含胶原蛋白，不但能保持肌肤弹性，而且对儿童生长发育也具有特殊意义。

原料

猪蹄500克、肉丸200克、芋头200克、红椒1个、盐3克、葱花5克、红油8毫升、酱油3毫升

做法

1. 猪蹄处理干净，斩块；芋头去皮，洗净切块；肉丸洗净备用；红椒洗净，切碎。
2. 猪蹄放入高压锅中压至七成熟，捞出沥干水分。
3. 砂锅加水，放入芋头、猪蹄、肉丸，加入红油、酱油、盐、红椒煮至熟，撒上葱花即可。

小贴士

用锅盛水烧至约80℃，将猪蹄置于锅中浸烫两分钟，拿出用手一擦，即可快速除去猪蹄毛垢。

宫保鸡丁

15分钟　100克/日　全年

本品红而不辣，香而不腻，肉质滑脆，是经典的美味佳肴，既可促进孩子食欲，又有助于补充多种营养素。

原料

鸡肉300克、花生米20克、葱10克、干辣椒10克、盐2克、味精1克、醋3毫升、酱油5毫升、食用油适量

做法

1. 鸡肉洗净切丁备用；葱、干辣椒洗净切段；花生米洗净稍泡，沥干备用。
2. 锅内注油烧热，入花生米、葱、干辣椒爆香后，下鸡肉丁翻炒5分钟，至鸡肉变色。
3. 入盐、醋、酱油翻炒至鸡肉熟透，再加入味精调味，装盘即可。

小贴士

炒鸡肉的时候裹上淀粉，会让肉味更加鲜美。

无花果煎鸡肝

23 分钟　75 克 / 日　夏季

本品具有滋阴、健胃、增强免疫力等功效，对于易上火、挑食、体瘦贫血的孩子来说尤其适宜。

原料

鸡肝 50 克、无花果干 30 克、茼蒿 50 克、白糖 8 克、食用油适量

做法

1. 鸡肝洗净，入沸水中汆烫，捞出压干；茼蒿洗净切段。
2. 将无花果干切小片；茼蒿入碗摆好。
3. 平底锅加热，加适量油，将鸡肝、无花果放进去一起煎。
4. 白糖加小半碗水煮溶化，待鸡肝煎熟同无花果盛出，摆在茼蒿上，淋上糖液调味。

小贴士

洗鸡肝的时候，最好先用流水冲洗 5 分钟，切块，放入冷水中浸泡五分钟，取出沥干。

鱼香茄子

10 分钟　125 克 / 日　夏、秋季

本品风味独特，营养丰富，是川菜中比较代表性的鱼香味型的名菜。其主料茄子的营养成分较多，适合儿童夏季常食。

原料

茄子 100 克、肉末 20 克、蒜末 5 克、盐 3 克、食用油适量

做法

1. 茄子洗净后，切块，过热油后沥油备用。
2. 将油放入锅中，开大火，待油热后将蒜末放入，至蒜香味溢出后放入肉末、茄子拌炒，待熟再加入盐调味即可。

小贴士

茄子用盐腌一下，挤去水分，不但可以保证色泽不变，还可以少用油。

豉酱蒸凤爪

60 分钟 75 克 / 日 全年

本品经炸、蒸而成，口感松软，一吮即入口，加上各种酱料的调和，食之唇齿留香，令人难忘，家长可适当为孩子烹食。

原料

鸡爪 200 克、青椒 1 个、红椒 1 个、盐 2 克、白糖 3 克、柱侯酱 3 克、香油 3 毫升、葱油 3 毫升、豉汁 3 毫升、蚝油 3 毫升、食用油适量

做法

1. 将鸡爪洗净，分切成两半，加盐、白糖、葱油腌渍 20 分钟，入油锅小火炸至表面金黄，捞出沥油，备用；青椒、红椒分别洗净，切圈。
2. 将炸好的凤爪排入盘中，加其余配料拌匀，上笼蒸 30 分钟至熟。
3. 撒上青椒圈和红椒圈即可。

小贴士

鸡爪剁开腌制，更容易入味。

黄焖鸭肝

18 分钟 100 克 / 日 秋季

本品红而不辣，香而不腻，肉质滑脆，是经典的美味佳肴，既可促进孩子食欲，又有助于补充多种营养素。

原料

鸭肝 300 克、香菇 50 克、酱油 20 毫升、熟猪油 100 毫升、白糖 3 克、甜面酱 3 克、料酒 5 毫升、葱段 5 克、姜片 3 克、清汤适量

做法

1. 鸭肝汆水切条；香菇对切焯水。
2. 油锅烧热，下白糖炒化，加清汤、酱油、葱、姜、香菇煸炒，制成料汁装碗。
3. 猪油入锅烧至七成热，加甜面酱炒出香味，加鸭肝、料酒、料汁煨炖 5 分钟，装盘即成。

小贴士

香菇宜用热水泡发。

荷叶粉蒸黑鱼

30 分钟 75 克 / 日 夏季

本品肉质软嫩，兼具荷叶的清香，别具一格，一般孩子都会喜欢吃。加之黑鱼骨刺少，含肉率高，也特别适合孩子食用。

原料

黑鱼 1 条、荷叶 1 张、米粉 50 克、盐 3 克、胡椒粉 3 克、料酒 10 毫升、红油 5 毫升、豆瓣酱 20 克、葱 2 棵、姜 10 克

做法

1. 黑鱼宰杀洗净切块；荷叶入水中泡软；葱洗净切碎；姜去皮洗净切末。
2. 将鱼放入碗中，调入红油、豆瓣酱、米粉、盐、胡椒粉、料酒、姜末，拌匀腌入味。
3. 荷叶放入蒸笼底部，放上腌好的鱼块，蒸 20 分钟至熟，取出，撒上葱花即可。

小贴士

蒸鱼的时候火力开足，鱼蒸好后肉刺易分离。

香菇烧黄鱼

20 分钟 150 克 / 日 全年

本品味鲜、香，肉嫩，容易勾起人的食欲，非常适合孩子食用。其中的黄鱼富含优质蛋白质、微量元素和维生素，营养价值较高。

原料

黄鱼 2 条、香菇 50 克、盐 3 克、姜 3 克、料酒 3 毫升、白糖 5 克、醋 3 毫升、高汤 500 毫升、水淀粉适量、食用油适量

做法

1. 香菇洗净，切小块；姜洗净切末；黄鱼处理干净，打上花刀。
2. 油锅烧热，下入黄鱼煎至金黄色，沥去余油，注入高汤，加姜末、料酒、白糖、盐、醋，烧开，下入香菇煮至入味。
3. 待汤汁剩 1/3 时，用水淀粉勾芡即成。

小贴士

处理黄鱼的时候，只需要用筷子在黄鱼的口中搅出肠肚，再清洗干净就可以了，不需要剖开肚子。

土豆烧鱼

20 分钟　200 克 / 日　夏、秋季

本品营养丰富，其中的鲈鱼含蛋白质、脂肪、碳水化合物等营养成分，还含有维生素 B_2 和微量元素硒、磷、镁等物质，适合生长发育期的孩子食用。

原料

土豆 200 克、鲈鱼 200 克、红椒 1 个、盐 3 克、味精 2 克、胡椒粉 3 克、酱油 3 毫升、姜 3 克、葱 2 棵、食用油适量

做法

1. 土豆去皮，洗净切块；鲈鱼处理干净，切大块，用酱油稍腌；葱洗净切丝；红椒切小块；姜去皮洗净切块。
2. 将土豆、鱼块入烧热的油中炸熟，至土豆炸至紧皮时捞出待用。
3. 锅置火上加油烧热，爆香葱、姜，下入鱼块、土豆、红椒、盐、味精、胡椒粉，烧入味即可。

小贴士

土豆切好以后用流动的水冲洗一下，这样便可把上面的淀粉洗掉。

蛋蒸肝泥

15 分钟　75 克 / 日　全年

本品含有铁质，是补血之佳品。本品的猪肝，还含有丰富的维生素 A，有保护孩子眼睛、维持其视力正常的功效。

原料

新鲜猪肝 80 克、鸡蛋 2 个、香油 3 毫升、盐 3 克、葱花 5 克

做法

1. 将肝中的筋膜除去，切成小片，和葱花一起炒熟；鸡蛋打散搅匀。
2. 将熟制的肝片剁成细末，备用。
3. 把所有原料混合在一起搅拌均匀，上蒸锅蒸熟。

小贴士

猪肝一定要加工熟透，有助于杀死病菌和寄生虫卵。

胡萝卜炒肉丝

10分钟　100克/日　冬、春季

本品中蛋白质、脂肪、胡萝卜素以及矿物质含量丰富，有促进食欲、增强营养的作用，尤适合学龄期的儿童食用。

原料

胡萝卜150克、猪肉150克、料酒10毫升、盐3克、味精2克、酱油5毫升、葱花5克、姜末5克、白糖5克、食用油适量

做法

1. 胡萝卜洗净，去皮切丝；猪肉洗净切丝。
2. 油锅烧热，下肉丝炒香，再调入料酒、酱油、盐、味精、白糖，加入葱花和姜末，炒至肉熟。
3. 再加入胡萝卜丝炒至入味即可。

小贴士

胡萝卜丝容易炒熟，炒制过程中不需加水。

菜花炒虾仁

12分钟　125克/日　春、夏季

本品鲜香爽口，容易消化，老幼咸宜。其中的虾仁不但营养丰富，而且脂肪含量不高，不用担心孩子发胖的问题，可放心食用。

原料

虾仁150克、菜花80克、韭黄50克、青辣椒1个、红辣椒1个、味精2克、生抽3毫升、盐3克、食用油适量

做法

1. 虾仁洗净，汆水；青辣椒、红辣椒、韭黄均洗净切段；菜花洗净，切块，入沸水中烫熟后，捞出垫入盘底。
2. 油锅烧热，放入虾仁爆炒至颜色发白。
3. 放入青辣椒、红辣椒、韭黄炒至熟软，加味精、生抽、盐炒至入味，盛在菜花上即可。

小贴士

虾仁一定要滑炒，否则不但影响口感，还会缩水变小。

咕噜肉

15分钟　100克/日　冬季

本品色泽金黄，香脆微辣，酸中带甜，甜中有酸，爽口开胃，色香味俱全，还含有丰富的优质蛋白质，既可增强孩子食欲，又有补锌作用。

原料

五花肉200克、蒜末15克、熟鲜笋肉10克、青椒1个、鸡蛋1个、葱段10克、番茄酱10克、盐3克、料酒3毫升、水淀粉10毫升、食用油适量

做法

1. 五花肉洗净切块，用盐、料酒腌片刻，再打入鸡蛋液和水淀粉拌匀；笋和青椒洗净切块。
2. 锅中加油烧热，把肉块、笋块炸熟后起锅沥油。
3. 炒锅留少许油，投入葱段、蒜末、青椒块爆香，加番茄酱烧至微沸，用水淀粉勾芡，倒入肉块和笋块拌炒，淋油，炒匀上碟即可。

小贴士

烹制的时候放一些豆瓣酱可以让口味更加厚重。

花生拌鱼片

25分钟　150克/日　夏、秋季

本品中的鱼片嫩似水豆腐，富含有益于大脑的不饱和脂肪酸；花生焦香酥脆，富含钙、卵磷脂和脑磷脂，有增强记忆的功效。二者同食健脑作用显著。

原料

草鱼1条、花生米100克、料酒20毫升、盐3克、酱油3毫升、白糖2克、味精2克、香油3毫升、食用油适量

做法

1. 鱼刮去鳞洗净，剔下两旁鱼肉切薄片，用盐、料酒腌约15分钟，入油锅滑开。
2. 花生米用盐水浸泡，入油锅中炸香，捞出。
3. 将炸好的花生米摆入盘中，加入鱼片和剩余的配料拌匀即可。

小贴士

裹上干淀粉可以保证鱼肉鲜美，营养不流失。

黄瓜虾仁塔

12分钟　100克/日　全年

本品营养丰富，除了富含优质蛋白质，还含有丰富的钾、碘、镁、磷等矿物质及维生素A等成分，对儿童补益作用较强。

原料

虾仁500克、黄瓜100克、鸡蛋1个、生抽3毫升、醋3毫升、食用油适量

做法

1. 鸡蛋打入碗中，取蛋清；虾仁洗净，用鸡蛋清抹匀上浆；黄瓜洗净，切片。
2. 酒杯洗净、消毒，加入生抽、醋拌匀，放在盘中央一部分黄瓜堆在杯脚呈宝塔状，一部分摆盘成圆形。
3. 起油锅，放入虾仁滑熟，起锅码盘即可。

小贴士

买来的虾仁要先清理一下，否则会有腥味。

荷兰豆炒本菇

10分钟　150克/日　春、夏季

本品口感佳，且具有益脾和胃、生津止渴、和中下气、除呃逆、止泻痢、通利小便等作用，适合给孩子当家常菜食用。

原料

荷兰豆150克、本菇200克、肉末20克、红辣椒20克、盐3克、味精2克、鸡精2克、酱油5毫升、食用油适量

做法

1. 荷兰豆择去头尾筋，洗净；本菇洗净，撕成小朵；红辣椒洗净，切成小段。
2. 将荷兰豆和本菇一同入沸水中汆烫。
3. 锅烧热加油，将肉末炒散，下入荷兰豆、本菇和红辣，加入盐、味精、酱油、鸡精一起炒匀即可。

小贴士

荷兰豆中间的丝和头尾要去掉。

滑熘鸡片

15分钟　125克/日　秋季

本品荤素搭配得当，营养均衡，对处于生长发育期的儿童来说尤其适合。其中的木耳可增强免疫力，还能抗菌，有“素中之荤”的美誉。

原料

鸡脯肉200克、黑木耳15克、胡萝卜15克、黄瓜15克、蛋清40克、盐3克、味精2克、胡椒粉3克、料酒5毫升、香油3毫升、生粉10克、食用油适量

做法

1. 鸡脯肉洗净切片；胡萝卜、黄瓜洗净切片。
2. 鸡脯肉片用蛋清、生粉上浆后入油锅滑散，盛出。
3. 锅内留少许底油，加入鸡片、黑木耳、胡萝卜、黄瓜炒匀，调入盐、味精、胡椒粉、料酒，淋上香油即可。

小贴士

切鸡脯肉的时候要沿着纹路去切。

五彩炒虾球

12分钟　100克/日　夏季

本品口感独特，既有青虾的软嫩柔滑，又有荔枝的清新甘甜，还有木耳的爽口、芦笋的清爽与彩椒的清脆，令人垂涎，尤适合食欲不佳的儿童食用。

原料

荔枝肉150克、大青虾100克、彩椒3个、黑木耳30克、芦笋丁30克、葱段5克、姜片5克、盐3克、白糖3克、食用油适量

做法

1. 黑木耳泡发撕片；彩椒洗净切片；大青虾去壳取肉，背部开刀改成球形，过油。
2. 锅置于火上，爆香葱段、姜片，投入彩椒、黑木耳、芦笋丁、虾球、荔枝肉炒匀，加入盐、白糖，炒至入味即可。

小贴士

虾球下锅的时间不宜过长，以保持鲜嫩。

金丝虾球

25 分钟　125 克 / 日　春、秋季

本品酥焦可口，有促进孩子食欲的作用，加之虾仁的高营养，因此特别适合生长发育期的孩子食用。

原料

鲜虾仁 100 克、土豆 200 克、水淀粉 15 毫升、色拉酱 10 克、食用油适量

做法

1. 虾仁洗净，裹上水淀粉；土豆去皮洗净，切细丝。
2. 锅内注油烧至八成热，将土豆丝放入锅内炸至脆，捞起沥油；虾仁入油锅炸熟，捞起。
3. 炸好的虾仁蘸上色拉酱，放入土豆丝内滚动，使土豆丝均匀粘在虾仁外，即可装盘。

小贴士

烹饪时，火一定不能太大。

金蒜丝瓜蒸虾球

30 分钟　150 克 / 日　夏季

本品卖相好，有促进孩子进食的作用。由于虾仁中钙含量丰富，孩子常食有助于促进骨骼发育。

原料

虾仁 100 克、丝瓜 2 条、粉丝 50 克、红椒 2 个、蒜蓉 15 克、盐 2 克、蛋清 70 克、生抽 3 毫升、食用油适量

做法

1. 虾仁洗净，用盐、蛋清抹匀上浆；丝瓜去皮洗净，切段，摆盘；红椒洗净切圈，放在丝瓜上；粉丝泡发，摆在盘中央。
2. 将盘放入蒸锅蒸 10 分钟，取出；炒锅倒油烧热，放入虾仁滑熟，捞起，放在丝瓜上；用余油炒香蒜蓉，调入生抽，起锅淋入盘中。

小贴士

也可将虾仁切成小粒烹饪。

金牌银鲳鱼

20 分钟　150 克 / 日　秋季

本品集中了鱼肉、蛋、豆类及根茎蔬菜四类食材的营养，对人体有益的成分较多，营养价值很高，适合孩子常食。

原料

银鲳鱼 1 条、鸡蛋 1 个、豌豆 50 克、胡萝卜 30 克、虾仁 15 克、盐 3 克、水淀粉 10 毫升、红椒丝 10 克、葱丝 10 克、食用油适量

做法

1. 银鲳鱼处理干净切段，加盐和水淀粉腌制；鸡蛋打散，加盐搅成蛋液，入油锅煎成蛋皮摆盘；虾仁、豌豆、胡萝卜分别洗净，胡萝卜切丁入沸水烫熟。
2. 银鲳鱼入油锅炸熟，装盘，用虾仁、豌豆、胡萝卜摆盘点缀，撒上红椒丝、葱丝即可。

小贴士

煎炸两次可以让鱼的味道更加脆嫩。

妙手秘制鸽

80分钟 200克/日 全年

本品肉质香嫩可口，适合儿童食用。其中的鸽子肉，所含的维生素A、维生素B_1、维生素B_2、维生素E及造血用的微量元素比鸡肉还要丰富，滋补作用较强。

原料

鸽子400克、盐3克、味精2克、胡椒粉3克、姜片5克、葱段10克、料酒5毫升、食用油适量

做法

1. 鸽子处理干净，放入盐、姜片、葱段、料酒腌渍1小时。
2. 油烧热，鸽子炸至棕红色，加葱段、姜片煸炒，加沸水，加盐、胡椒粉，大火烧沸后改用小火焖。调入味精，焖至鸽酥软、汁干油亮，拣去葱、姜即可。

小贴士

刷上一层蜂蜜口感会更好。

清蒸福寿鱼

30分钟 100克/日 全年

本品鱼肉软嫩，鲜香味美。福寿鱼肉中富含的蛋白质，易于被人体吸收，组成大脑的重要物质氨基酸含量也很高，对促进智力发育有好处。

原料

福寿鱼1条、盐2克、味精2克、姜5克、葱1棵、生抽10毫升、香油5毫升

做法

1. 福寿鱼去鳞和内脏洗净，在背上划花刀；姜洗净切片；葱洗净切丝。
2. 将鱼装入盘内，加入姜片、葱白、味精、盐，放入锅中蒸熟。
3. 取出蒸熟的鱼，淋上生抽、香油，撒上葱叶丝即可。

小贴士

蒸鱼的时候一定要先把水烧开，这样可以保证鱼肉的味道更加鲜美。

清蒸鲈鱼

13分钟　150克/日　全年

本品口味咸鲜，营养价值较高。其中鲈鱼的DHA含量在淡水鱼中含量较高，以清蒸的方式烹饪能得以最大保留，补脑作用较强。

原料

鲈鱼700克、姜10克、葱2棵、料酒5毫升、盐3克、红辣椒丝10克、生抽8毫升、食用油适量

做法

1. 将鲈鱼洗净后，在鱼身两侧打“一”字花形；姜去皮洗净切片；葱洗净切丝。
2. 将切上“一”字的鱼身上夹上姜片，放少许料酒、盐码味；取一根洗净的葱放入盘中，再将鱼放在葱上。
3. 摆入蒸锅蒸约7分钟，蒸熟后取出，去掉葱、姜，再撒上红辣椒丝、葱丝；炒锅加少许油烧热后淋于蒸好的鲈鱼上，再淋上生抽端出。

小贴士

鲈鱼包裹锡纸可以让鱼肉更加鲜美多汁。

青豆肉丁

20分钟　100克/日　夏季

本品中的青豆爽脆清香，肉丁香味浓郁，整体来说口味不错，比较下饭，有促进孩子食欲的作用，青豆中的不饱和脂肪酸和大豆磷脂还可健脑益智。

原料

青豆300克、猪瘦肉100克、盐3克、淀粉10克、鸡精2克、胡椒粉5克、香油5毫升、料酒10毫升、生抽5毫升、食用油适量

做法

1. 先将猪瘦肉洗净后切成肉丁，再加入盐、淀粉和料酒腌制10分钟。
2. 锅内烧少许水，放入青豆煮熟后，捞起沥干水分。
3. 锅内加入油烧热，放入肉丁炒散后，加入青豆翻炒，再加入盐、鸡精、胡椒粉和少许生抽翻炒熟后，加入香油起锅即可。

小贴士

炒肉丁的时候一定要掌握好火候。

瘦肉土豆条

15 分钟　125 克 / 日　全年

本品色香味俱全，有助于勾起孩子的食欲。其中的土豆营养成分全面，只是蛋白质、钙和维生素 A 的量稍低，与瘦肉搭配，刚好互补有无。

原料

猪瘦肉 200 克、土豆 200 克、水淀粉 30 毫升、盐 3 克、味精 2 克、酱油 10 毫升、食用油适量

做法

1. 猪瘦肉洗净，切成薄片；土豆去皮洗净，切成长条。
2. 用瘦肉片裹住土豆条，连接处用水淀粉黏住，入油锅炸至金黄色，捞出沥油。
3. 油锅烧热，将酱油、盐、味精炒匀，淋在土豆条上即可。

小贴士

土豆有保护胃黏膜的作用，适合儿童食用。

爽口狮子头

40 分钟　100 克 / 日　夏季

本品中的狮子头酥香可口、醇厚鲜美，汤味融入其中。荸荠的爽脆加上肉糜的香味，肥而不腻，口感鲜美爽口，有增强孩子食欲的作用。

原料

猪肉 250 克、荸荠 50 克、鸡蛋 2 个、豌豆苗 50 克、盐 3 克、酱油 5 毫升、醋 5 毫升、香油 10 毫升

做法

1. 猪肉、荸荠洗净，剁碎；豌豆苗洗净。
2. 肉碎装入碗中，打入鸡蛋液，加入荸荠碎、盐、酱油，搅拌至有黏性，捏成肉丸子。
3. 水烧沸，入丸子煮至熟，入豌豆苗略煮，调入盐、醋煮至入味起锅，淋上香油即可。

小贴士

煮丸子的时候应煮至丸子漂起。

松子墨鱼酱黄瓜

⏲10 分钟 🍴75 克 / 日 ☺夏季

本品具有滋润皮肤、滋补健身、健脑益智、润肠通便等功效。其中松子的不饱和脂肪酸含量较高，对儿童生长发育有益。

原料

墨鱼 1 条、小黄瓜 100 克、香菜 25 克、松子 10 克、蒜味酱料 10 克、白糖 10 克、食用油适量

做法

1. 墨鱼去内脏去皮切花，用开水汆烫（一卷起就捞出）。
2. 松子用糖水泡一下滤干，用温油炸至变色即捞出，小黄瓜、香菜用过滤水洗净并泡一下，香菜切段。
3. 将小黄瓜用刀拍破，切小段，置盘中；将墨鱼、松子、香菜摆上，并浇上蒜味酱料即可。

小贴士

墨鱼去内脏放碱水中浸泡可以清洗得更加干净。

缤纷青豆炒蛋

⏲15 分钟 🍴150 克 / 日 ☺春、夏季

本品营养丰富。其中的青豆可补充不饱和脂肪酸、大豆磷脂；鱿鱼可补充维生素 A；鸡蛋可补充蛋白质；胡萝卜可补充胡萝卜素。搭配起来营养成分较齐全，适合孩子食用。

原料

青豆 500 克、鸡蛋 3 个、胡萝卜 50 克、鱿鱼 50 克、肉末 50 克、盐 2 克、鸡精 1、香油 3 毫升、食用油适量

做法

1. 胡萝卜洗净去皮切丁；青豆洗净；鸡蛋入碗打散搅匀。
2. 锅置于火上，放适量清水，水沸后下青豆煮约 1 分钟，下肉末、鱿鱼、胡萝卜，熟后捞出，沥干水分。
3. 锅置于火上，油烧热，下蛋液炒熟后盛出；锅内留少许油，倒入焯熟的各种原材料，调入鸡精、盐、香油，加入炒蛋炒匀即可出锅。

小贴士

猪瘦肉在冰箱冷冻 1 小时左右再切末烹饪，口感更好。

蒜蓉开边虾

8分钟 100克/日 秋季

本品蒜香味美，肉质鲜嫩，令人屡吃不厌。加之营养丰富，补钙效果显著，因此尤适合生长发育期的孩子食用。

原料

九节虾400克、蒜蓉50克、香菜10克、食用油50毫升、盐3克、味精2克

做法

1. 九节虾处理干净，从头至尾用刀剖开。
2. 净锅烧热，放油，下蒜蓉用小火略炒，炒出香味后盛在小碗内，加盐、味精，拌匀。
3. 将开片虾依次呈“人”字形整齐地排列在盘中，把蒜蓉放在开片虾肉的表面，然后放进蒸笼里蒸约4分钟，熟后取出，在开片虾上放几根香菜装饰即成。

小贴士

挑出虾线的时候用牙签刺开外壳挑出即可。

随缘小炒

27分钟 100克/日 全年

本品荤素搭配得当，营养全面，有助于补充多种营养素，有增强免疫力、增强体质的作用。加之简单易做，家长可常为孩子烹食。

原料

猪肉250克、鸡蛋2个、青椒3个、红椒3个、盐3克、香菜10克、鸡精2克、食用油适量

做法

1. 猪肉洗净切片；青椒、红椒洗净，切片；鸡蛋打散备用；香菜洗净备用。
2. 起油锅，放入搅匀的鸡蛋，煎成鸡蛋饼后起锅，切成小块；另起油锅，入青椒、红椒炒香，放入猪肉炒至八成熟，再放入鸡蛋炒匀，加盐、鸡精调味，撒上香菜即可。

小贴士

选购猪肉的时候要提防买到米猪肉。

糖醋羊肉丸子

25分钟　100克/日　秋、冬季

本品色泽红亮，外松里嫩，酸中带甜，味道很好，有提升食欲的作用。冬天食用，还可温补脾胃，补血温经，有一定的御寒作用。

原料

羊肉300克、鸡蛋1个、荸荠25克、葱段适量、盐3克、料酒10毫升、酱油10毫升、白糖10克、醋10毫升、水淀粉10毫升、面粉10克、羊肉汤适量

做法

1. 羊肉洗净剁碎；荸荠去皮捣成泥；鸡蛋打散，加羊肉、荸荠、面粉、盐、料酒、酱油拌匀，做成丸子，下油锅炸至金黄色。
2. 将酱油、料酒、白糖、水淀粉、羊肉汤兑汁，倒入锅中搅拌至起泡后，倒入羊肉丸子，加醋颠翻几下，使丸子沾满汁，撒上葱段，盛盘即可。

小贴士

下丸子的时候应该选择在水刚沸腾的时候，然后用小火煮熟。

蒜香熘鱼片

35分钟　125克/日　全年

本品片薄形美，色泽洁白，鱼肉鲜嫩滑爽，令人屡吃不厌。其中的旗鱼肉白多筋，营养价值高，适合生长发育期的孩子食用。

原料

旗鱼150克、竹笋110克、小黄瓜50克、红辣椒1个、盐3克、淀粉10克、香油6毫升、大蒜10克、食用油适量

做法

1. 旗鱼洗净切片；竹笋、小黄瓜、红辣椒洗净切片；大蒜去皮，洗净切末。
2. 鱼肉用盐腌20分钟，两面沾上淀粉；另起一锅，锅中放入笋片烫熟。
3. 锅中倒油烧热，放入蒜末、红辣椒爆香，加入旗鱼片、笋片、小黄瓜和盐拌炒，再加入淀粉勾芡，盛起前放入香油即可。

小贴士

炒鱼片的时候，油温不宜太高。

番茄肉片

15 分钟　125 克 / 日　夏季

本品肉质嫩，口感酸酸甜甜，是夏季的开胃菜，很适合夏季食欲不佳的孩子食用。由于简单易做，营养丰富，家长可常为孩子烹食。

原料

猪瘦肉 100 克、豌豆 15 克、冬笋 25 克、番茄 1 个、鸡蛋 3 个、番茄酱 50 克、盐 3 克、料酒 10 毫升、淀粉 50 克、味精 2 克、白糖 3 克、姜末 5 克、上汤适量、食用油适量

做法

1. 冬笋洗净切成梳状片；番茄洗净切块；猪肉洗净切成片；鸡蛋入碗搅拌均匀。
2. 猪肉加盐、味精、料酒调味，再加鸡蛋液、淀粉浆拌匀；锅入油烧热，下入肉片滑散，捞出沥油。
3. 用姜炝锅，入番茄、番茄酱，烹料酒，添汤，加盐、白糖勾芡，入豌豆、冬笋及肉片翻炒，淋明油即成。

小贴士

猪肉在腌制之前拍松，可以更好地入味。

虾仁荷兰豆

15 分钟　150 克 / 日　春、夏季

本品颜色亮丽，口感鲜香，味道非常好，看起来就有食欲。其中的虾仁除了可补充蛋白质外，还是高钙食物；荷兰豆含植物凝集素、氨基酸及赤霉素，二者搭配有助于增强新陈代谢。

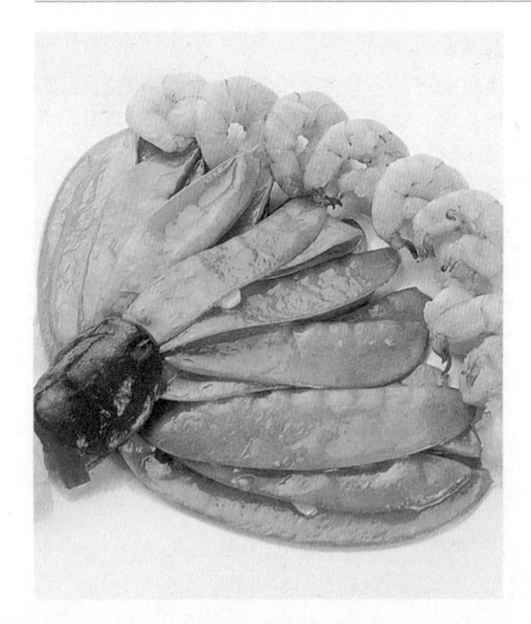

原料

鲜虾仁 100 克、荷兰豆 200 克、香菇 50 克、红椒条 50 克、蛋黄 35 克、盐 3 克、蒜末 5 克、香油 5 毫升、食用油适量

做法

1. 虾仁、荷兰豆、香菇洗净备用。
2. 水烧开，将荷兰豆、香菇、红椒焯熟，捞出沥干加盐、蒜末、香油拌匀，摆盘。
3. 起油锅，入虾仁炸至酥脆，捞出摆盘；锅中留油，放入蛋黄煎成蛋皮，盛出待凉卷成卷，将下端切成丝状摆在红椒下方即可。

小贴士

虾仁一定要炸熟。

香橙水晶虾仁

12分钟 100克/日 夏、秋季

本品酸甜清新，口感佳。嫩滑的虾仁令人垂涎，配合着香橙、黄瓜、樱桃，味道多重，口感多重，令人食欲大增。

原料

虾仁300克、香橙1个、黄瓜50克、红樱桃5颗、盐3克、水淀粉10毫升、料酒5毫升、食用油适量

做法

1. 虾仁洗净，加盐、料酒、水淀粉腌渍；香橙洗净，切片；黄瓜洗净，切成瓣状；红樱桃洗净，对切；香橙摆成圆形，黄瓜片摆成小扇形放在四周，红樱桃点缀其上。
2. 油锅烧热，放入虾仁滑熟，出锅倒入盘中央即可。

小贴士

买黄瓜时要买新鲜硬挺的，发蔫变软的不好保存。

虾仁炒蛋

12分钟 75克/日 全年

本品富含优质蛋白质，有助于儿童生长发育；钙含量也较高，可促进儿童骨骼发育；还含有少量的镁，能起到保护心血管系统的作用。

原料

河虾100克、鸡蛋5个、春菜15克、苦瓜片适量、盐2克、淀粉10克、鸡精2克、食用油适量

做法

1. 河虾洗净去壳，取出虾仁，装碗内，调入少许淀粉、盐、鸡精拌匀，备用；春菜洗净，去叶留茎切细片；苦瓜片焯水后摆盘。
2. 鸡蛋打入碗内，调入盐搅拌均匀备用。
3. 油烧热，锅底倒入蛋液，稍煎片刻，放入春菜、虾仁，略炒至熟，出锅即可。

小贴士

以海虾代替河虾，营养价值更高。

香葱煎鲽鱼

⏲22 分钟 🍴100 克 / 日 ☺全年

本品肉质白嫩，没有刺，可以大快朵颐。鲽鱼含有丰富的蛋白质和各种维生素，儿童常食对智力发育有很大好处。

原料

鲽鱼 200 克、葱花 20 克、红椒丝 25 克、姜片 15 克、盐 3 克、味精 2 克、白糖 6 克、料酒 10 毫升、食用油适量

做法

1. 鱼宰杀处理干净，在鱼背两侧切花刀。
2. 锅中注入油烧热，放入宰杀好的鱼煎至两面金黄色，盛出。
3. 锅中留少许油爆香葱花、姜片，调入盐、味精、白糖、料酒，再放入鱼煮入味盛出，撒上红椒丝即可。

小贴士

炸鱼的时候要多放一点油。

玉米炒猪心

⏲15 分钟 🍴100 克 / 日 ☺春、夏季

本品色泽鲜艳，口味香嫩，有养心气、益心血的功效。其中的猪心含蛋白质、脂肪、维生素 B_1、维生素 B_2 等成分，营养价值较高。

原料

玉米粒 150 克、猪心 1 个、青豆 50 克、香油 5 毫升、白糖 5 克、盐 3 克、姜 15 克、生抽 10 毫升、淀粉 15 克、料酒 10 毫升、食用油适量

做法

1. 猪心洗净切丁；姜去皮切片；青豆入沸水中焯 5 分钟，取出沥水。
2. 锅中注水烧开，放入猪心丁稍煮，捞出。
3. 油烧热，爆香姜，调入料酒，下入玉米粒、猪心、盐、白糖、生抽，注少许清水煮开，小火再煮片刻，下入青豆煮开，用淀粉勾芡，淋入香油即可。

小贴士

新鲜的猪心，用手挤压一下，有鲜红的血液流出，组织坚实，有弹性。

肉末煎茄子

15 分钟 100 克 / 日 夏、秋季

本品具有清热消暑的作用，适合夏季常食。此外，本品还可补充蛋白质、脂肪、碳水化合物、维生素，尤其是维生素 P 的含量极其丰富。

原料

茄子 300 克、肉末 50 克、酱油 15 毫升、料酒 5 毫升、盐 3 克、味精 2 克、葱 10 克、姜 5 克、蒜 15 克、食用油适量

做法

1. 茄子削去皮，切成菱形块；姜、葱、蒜均洗净切成末。
2. 锅中加油烧热，下茄子炸成金黄色，捞出待用。
3. 锅中再加油，待热后放入肉末煸炒，加入葱末、姜末、酱油、盐、料酒、清水、味精和茄子焖透，放入蒜末翻炒几下，淋入少许食用油即成。

小贴士

烹制茄子的时候加一点醋可以让茄子保持色泽不变。

盐爆虾仁

20 分钟 125 克 / 日 夏季

本品脆嫩鲜香，肉质松软，清爽不腻。孩子常食虾，既可补钙、促进骨骼发育，还可补充锌、碘和硒等矿物质，对健康大有裨益。

原料

虾仁 300 克、青椒 1 个、红椒 1 个、白萝卜 25 克、盐 3 克、味精 2 克、料酒 5 毫升、香油 3 毫升、食用油适量

做法

1. 青椒、红椒洗净切小段；白萝卜洗净切块；虾仁处理干净切段，用料酒腌渍。
2. 油锅烧热，倒入虾仁，炒至变色后加青椒、红椒、白萝卜。
3. 放盐、味精、香油，用大火爆炒入味后即可盛出。

小贴士

选择白萝卜应选个大小均匀、细嫩光滑、无病变者。

芋儿烧鸡

30 分钟　150 克 / 日　全年

本品是一道四川名菜，带有鲜明的地方特色。肉质细嫩滑润，辣而不燥，芋头软糯香甜，食之令人难忘。

原料

鸡肉 300 克、芋头 200 克、红椒 20 克、盐 3 克、味精 2 克、生抽 5 毫升、食用油适量

做法

1. 芋头洗净切成块；鸡肉洗净剁成块、红椒洗净切成块。
2. 将鸡肉块、芋头下入沸水中焯去血水后，捞出。
3. 锅中加油烧热，下入鸡肉炒开，加入芋头、红椒块、盐、味精、生抽炒匀即可。

小贴士

烹食的时候可以适当放蒜，这样会使鸡肉的味道更加鲜美而没有腥气。

猪肝肉碎

13 分钟　100 克 / 日　全年

本品爽、滑、嫩，入口鲜香，非常美味。其中的猪肝铁含量丰富，是理想的补血佳品；与猪肉、豆腐搭配食用有增强免疫力的作用。

原料

猪肝 50 克、猪肉 50 克、豆腐 100 克、酱油 5 毫升、盐 3 克、白糖 3 克、葱花 10 克、生粉适量、食用油适量

做法

1. 将豆腐放入沸水中煮 2 ~ 3 分钟，除去硬皮后搓成蓉状，备用。
2. 将猪肝去筋膜后剁细；肉洗净后剁碎备用。
3. 上油锅加热，将肉末、猪肝末、豆腐蓉倒入翻炒，至七分熟。
4. 将所有主料与酱油、盐、白糖、生粉混匀，上蒸锅蒸熟后，撒上葱花即可食用。

小贴士

将买来的豆腐放盐水中腌 1 小时，豆腐便不容易碎。

胡萝卜锅包肉

14 分钟　100 克 / 日　夏、秋季

本品色泽诱人，油而不腻，口感甚佳，令人留恋。其主料里脊肉易于消化，矿物质含量丰富，尤其是含铁较多，有补血作用。

原料

里脊肉 400 克、胡萝卜丝 30 克、白糖 15 克、醋 10 毫升、番茄酱 50 克、葱丝 5 克、姜丝 4 克、香菜段 5 克、淀粉适量、食用油适量

做法

1. 里脊肉切片，用淀粉挂糊上浆备用。
2. 油锅烧热，入里脊肉炸至外焦里嫩、色泽金黄时捞出。
3. 锅留底油，下入葱丝、姜丝、胡萝卜丝炒香，放入白糖、醋、番茄酱烧开，放入里脊肉，快速翻炒几下，加入香菜段即可。

小贴士

锅中油微微冒烟时，将里脊肉入锅炸，会使肉熟得很快，且不会变老。

虾仁滑蛋

10 分钟　100 克 / 日　夏季

本品虾仁肥嫩鲜美，鸡蛋软香适口，口感油而不腻，营养价值较高。其中的虾仁与鸡蛋都是优质蛋白质的天然来源，适合儿童食用。

原料

鸡蛋 2 个、鲜虾仁 200 克、盐 3 克、葱花 15 克、食用油适量

做法

1. 鲜虾仁洗净后切段。
2. 取碗，将鲜虾仁用盐腌渍片刻，放入热水中汆熟捞出。
3. 将鸡蛋打入碗中，打匀后加入盐、葱花调味。
4. 锅内油加热，放入蛋液与汆水后的虾仁一起翻炒片刻。

小贴士

烹饪时不用加鸡精或味精就很鲜了。

豆皮夹肉

15 分钟　125 克 / 日　全年

本品具有滋阴润燥的作用。豆皮中含有的大豆卵磷脂还有益于神经、血管、大脑的发育生长；猪肉中的有机铁有助于补铁补血，二者搭配有补虚损、健脾胃的作用。

原料

豆皮 300 克、猪肉 150 克、葱 1 棵、姜 10 克、盐 3 克、酱油 5 毫升、白糖 3 克、胡椒粉 3 克、料酒 10 毫升、蚝油 5 毫升、高汤适量

做法

1. 将豆皮洗净，切大片；猪肉洗净剁成末；葱洗净切段；姜去皮切末。
2. 把肉末加盐、料酒入碗中拌搅，用豆皮卷起来。
3. 锅内放入蚝油煸炒葱、姜，依次加入高汤、酱油、白糖、胡椒粉和豆皮卷，用中火烧熟即可。

小贴士

豆腐卷中不要放过多肉，以免影响口感。

番茄鸡

15 分钟　125 克 / 日　夏、秋季

本品具有温中益气、补精填髓、益五脏、活血脉、强筋骨、补虚损的功效，儿童常食有助于增强免疫力。

原料

鸡肉 80 克、番茄 100 克、洋葱 1 个、柿椒 2 个、料酒 10 毫升、胡椒粉 3 克、盐 2 克、番茄酱 10 克、食用油适量

做法

1. 鸡肉洗净切成小块；番茄洗净切块；洋葱、柿椒洗净切片备用。
2. 锅中放少量油加热，先炒番茄酱，再加入鸡块、料酒、胡椒粉炒片刻。
3. 再加入洋葱、柿椒、番茄和盐，继续烧 10 分钟左右即可。

小贴士

鸡肉放冰水中浸一下，会让肉质更加紧致，口感更好。

番茄酱鱼片

15分钟　100克/日　夏、秋季

本品外酸甜，中香脆，里鲜嫩，口感极佳，有助于提升孩子的食欲。其主料鱼肉富含优质蛋白，蛋黄富含卵磷脂、胆固醇和卵黄素，搭配食用对神经系统和大脑发育有好处。

原料

鱼肉250克、蛋黄70克、小葱1棵、白糖3克、盐3克、料酒10毫升、番茄酱25克、淀粉适量、食用油适量

做法

1. 鱼肉切成片；蛋黄打散，加淀粉调成糊；葱洗净切碎备用。
2. 炒锅置火上，加油烧热，取鱼片蘸蛋糊，逐片炸透捞出，锅内余油倒出。
3. 锅置火上，放水和番茄酱、白糖、盐、料酒，再将炸好的鱼片放入，翻炒均匀，撒上葱花即成。

小贴士

切鱼肉的时候在刀上擦点水或者在热水里泡一下，就不会粘刀了。

胡萝卜烧羊肉

140分钟　150克/日　秋、冬季

本品中的胡萝卜含有丰富的胡萝卜素及多种维生素、食物纤维等，对促进儿童健康、增强机体抗病能力有显著作用；羊肉富含蛋白质、脂肪。二者搭配，营养十分全面。

原料

羊肉600克、胡萝卜300克、姜片3克、料酒5毫升、盐3克、酱油3毫升、食用油适量

做法

1. 羊肉、胡萝卜分别洗净切块。
2. 油锅烧热，放姜片爆香，倒入羊肉翻炒5分钟，加料酒炒香后再加盐、酱油和冷水，加盖焖烧10分钟，倒入砂锅内。
3. 放入胡萝卜，加水烧开，改用小火慢炖约2小时。

小贴士

放一点料酒可以去除羊肉的膻味。

青豆焖黄鱼

25分钟 125克/日 秋季

本品含有丰富的蛋白质、微量元素和维生素等营养物质，有健脾开胃、安神止痢、益气补血等作用，有助于增强免疫力。

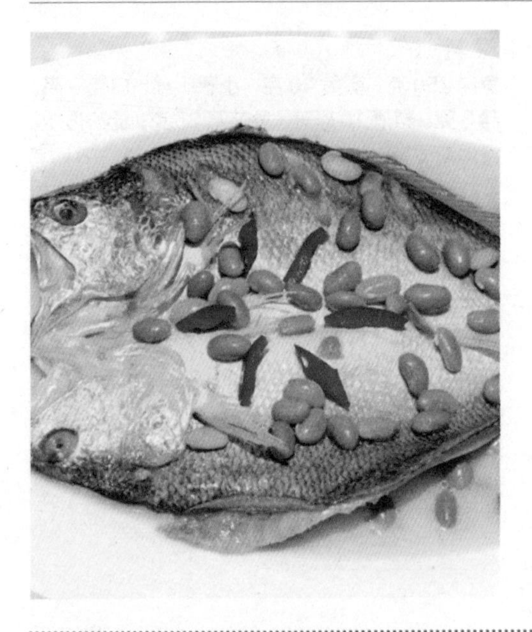

原料

青豆50克、黄鱼1条、红椒2个、盐3克、味精2克、料酒10毫升、香油10毫升、食用油适量

做法

1. 黄鱼处理干净，剖成两半；青豆洗净；红椒洗净，切片。
2. 油锅烧热，放入黄鱼煎至表面金黄，注入清水烧开。
3. 放入青豆、红椒，盖上锅盖，焖煮20分钟，调入盐、味精、料酒拌匀，淋入香油即可。

小贴士

用野生黄鱼烹饪，肉质更细腻，口感更好。

风味烤羊棒

70分钟 100克/日 秋、冬季

本品含有磷酸钙、碳酸钙、骨胶原等成分，有强筋壮骨的作用，对再生不良性贫血、筋骨疼痛有一定的调理作用，适合生长发育期的儿童食用。

原料

羊棒骨500克、蒜蓉10克、葱花10克、孜然粉10克、酱油10毫升、辣椒末5克、盐3克、食用油适量

做法

1. 羊棒骨洗净，用盐、酱油腌1小时，放入烤盘中。
2. 放入烤箱，用小火烤至棒骨呈金黄色时取出。
3. 将蒜蓉、辣椒末、葱花、孜然粉、酱油、盐下油锅炒香，淋在羊棒骨上即可。

小贴士

羊棒骨放热水里稍焯一下，有助于去膻。

干椒牛骨髓

18 分钟　75 克 / 日　冬季

本品具有强筋骨的作用，其中的牛骨髓含有优质有机钙，是很多壮骨粉、补钙产品的原材料，适合生长发育期的儿童食用。

原料

牛骨髓 250 克、干辣椒 100 克、葱 10 克、姜 5 克、盐 3 克、孜然粉 5 克、味精 2 克、鸡精 3 克、食用油适量

做法

1. 牛骨髓洗净，切段，下油锅稍炸；干辣椒、葱洗净切段；姜洗净，去皮切片。
2. 另起油锅，放入葱段、姜片、干辣椒炒香，加入孜然粉，放入牛骨髓，调入盐、味精、鸡精，炒匀入味即成。

小贴士

儿童经常食用可增强骨髓的造血能力。

黄瓜炒火腿

20分钟　100克/日　秋季

本品营养成分相对较为齐全，黄瓜含维生素及少量糖类；火腿含丰富的蛋白质、多种维生素和矿物质，二者合食有助于补充儿童生长发育所需的多种营养素。

原料

黄瓜300克、火腿150克、盐1克、味精2克、姜3克、食用油适量

做法

1. 黄瓜洗净，切成块状；火腿切成片；姜洗净切末。
2. 锅置于火上，加油烧热，下入黄瓜块滑炒片刻，加入火腿片、姜末同炒。
3. 炒至熟软后，加入盐和味精炒匀即可。

小贴士

火腿中已有咸味，所以不要放太多盐。

酿豆腐

25分钟　125克/日　秋、冬季

本品具有宽中益气、调和脾胃、消除胀满、通大肠浊气、清热散血等作用。其主料豆腐中的大豆卵磷脂有益于大脑的发育生长，对儿童生长发育大有裨益。

原料

豆腐250克、肉末20克、葱1棵、酱油5毫升、盐2克、食用油适量

做法

1. 先将豆腐洗净切块状；葱洗净切碎。
2. 在豆腐块上打上菱形小口，将肉末放入豆腐肚里。
3. 锅内放油烧热，放入豆腐块煎至发黄后，转入砂煲焖熟，调入酱油、盐，撒上葱花即可。

小贴士

将一块腐乳捣碎，加水拌成汁，淋入锅中，口感更鲜美。

黄瓜烧鹅肉

20分钟　100克/日　秋季

本品鹅肉质嫩，黄瓜脆香，口感很好。其中的鹅肉蛋白质含量比牛肉、羊肉都高出很多，且含有大量不饱和脂肪酸，适合生长发育期的儿童食用。

原料

鲜鹅肉200克、黄瓜120克、红椒1个、盐3克、味精2克、料酒10毫升、胡椒粉5克、香油5毫升、生姜10克、淀粉适量、食用油适量

做法

1. 鹅肉洗净切小块；黄瓜洗净切块；红椒洗净切丝；生姜洗净切片备用。
2. 鹅肉块入沸水中汆去血水，捞出备用。
3. 烧锅下油，放入姜片、黄瓜、红椒爆炒片刻，调入盐、味精、胡椒粉、料酒，下鹅肉炒透，用淀粉勾芡，淋上香油出锅即可。

小贴士

也可先将黄瓜炒好，放入炸过后的鹅肉中炖食。

金针菇炒火腿

15分钟　75克/日　春、夏季

本品白色与粉色相配，金针菇独有的清香与火腿的咸香结合，色味俱全。金针菇的含锌量较高，有促进儿童智力发育的作用。

原料

金针菇300克、火腿200克、姜5克、盐3克、味精2克、食用油适量

做法

1. 火腿洗净切成细丝；金针菇撕开洗净；姜洗净切末。
2. 锅中加水烧开，下入金针菇烫熟后，捞出沥水。
3. 锅加油烧热，下入姜末、火腿丝炒熟后，再加入金针菇稍炒，最后调入盐、味精，炒匀即可。

小贴士

金针菇烫后立即过凉水可保持脆嫩。

奇味苹果蟹

15分钟 100克/日 秋季

本品酸甜鲜香，肉肥嫩鲜美，口感独特，有提升人食欲的作用。其中的蟹含有丰富的蛋白质、维生素A及钙、磷、铁，苹果含有多种维生素和酸类物质，二者搭配有增强免疫力的作用。

原料

苹果100克、蟹100克、苹果醋10毫升、生粉3克、盐3克、味精2克、白糖10克、水淀粉适量、上汤适量、食用油适量

做法

1. 将蟹宰杀洗净，用盐、味精稍腌，拍上少许生粉，放入热油锅中炸香，装入盘中。
2. 将苹果洗净去皮切成粒，放入锅中，倒入上汤，加入苹果醋，煮沸。
3. 往上汤中调入白糖、盐、味精，用水淀粉勾薄芡后，盛出，浇淋在盘中的蟹上即可。

小贴士

若配合姜末、醋汁食用，可起到较好的杀菌作用。

清汤鱼圆

20分钟 150克/日 春、夏季

本品汤清，味鲜，口感滑嫩，肉质细嫩，美味异常，并具有健脾开胃、促进消化的作用。其中的鱼肉富含优质蛋白和不饱和脂肪酸，尤适合孩子食用。

原料

草鱼半条、香菇10克、上海青50克、火腿50克、盐3克

做法

1. 香菇、上海青洗净；火腿切片；草鱼处理干净，鱼肉刮成末，加入凉开水、盐打成浆，挤成鱼丸，放入凉水中用小火煮。
2. 锅内放入上海青、香菇、火腿片，加盐煮至水沸腾时立即关火，盛起即可。

小贴士

草鱼剖杀后最好冷藏半天，这样刮出来的鱼泥才细腻。

酥炸小河鱼

16 分钟　100 克 / 日　秋季

小河鱼蛋白质含量丰富，是蛋白质的良好来源，另外还含有丰富矿物质及大量维生素A和维生素D，适合生长发育期的孩子食用。

原料

小河鱼 400 克、熟芝麻 15 克、青椒 1 个、干辣椒 10 克、盐 3 克、味精 2 克、醋 3 毫升、酱油 3 毫升、淀粉适量、食用油适量

做法

1. 小河鱼处理干净，用淀粉与水裹匀，再下入油锅中炸至金黄色；青椒、干辣椒洗净，切圈。
2. 锅内注油烧热，下干辣椒、青椒炒香，再放入小河鱼炒匀。
3. 再加入盐、醋、酱油炒入味，至熟后加入味精调味，起锅装盘，撒上熟芝麻即可。

小贴士

小鱼腌上之后放冰箱冷藏一天再炸更入味。

土豆海带煲排骨

35 分钟　125 克 / 日　秋、冬季

海带含有钙、钠、镁、磷等，猪排骨能提供人体生理活动所必需的蛋白质和钙质，二者合用可益气补虚、强筋健骨，尤其适合孩子食用。

原料

猪排骨 250 克、土豆 50 克、海带结 50 克、盐适量、葱段 2 克、生姜片 2 克、枸杞子少许

做法

1. 将猪排骨洗净，斩块汆烫；土豆去皮，洗净，切块；海带结洗净备用。
2. 净锅上火倒入水，调入盐、葱段、生姜片，下入猪排骨、土豆、海带结、枸杞子煲至熟即可。

小贴士

土豆皮一定要削净，尤其要削掉已变绿的皮，因土豆皮中含有毒性物质生物碱。

清蒸石斑鱼

15分钟　100克/日　秋季

本品肉质嫩滑鲜美，美味异常。主料石斑鱼是一种低脂肪、高蛋白的上等食用鱼，富含蛋白质、维生素A、维生素D、钙、磷、钾等营养成分，适合儿童食用。

原料

石斑鱼1条、盐3克、辣椒粉3克、料酒10毫升、酱油10毫升、红椒1个、葱丝5克、姜丝5克、香菜段15克、食用油适量、清汤适量

做法

1. 石斑鱼处理干净，加盐、料酒腌渍；红椒洗净，切丝。
2. 将石斑鱼放入盘内，放上红椒丝、葱丝、姜丝，入笼蒸熟后取出。
3. 油锅烧热，加清汤烧沸，调入辣椒粉、酱油，浇在鱼上，撒上香菜段即可。

小贴士

选石斑鱼的时候应选择个头较大的，个头越大肉质越鲜嫩可口。

香苹虾球

20分钟　100克/日　夏季

本品肉质肥嫩鲜美，口味酸酸甜甜，异常美味，老幼皆宜。其主料虾富含钙、磷，有补益骨骼的作用，尤适合生长发育期的儿童食用。

原料

草虾仁160克、苹果50克、枸杞子10克、蛋清40克、淀粉30克、色拉酱5克、食用油适量

做法

1. 枸杞子洗净，加适量水，放入电锅焖煮，取出待凉，滤取汤汁。
2. 草虾仁去肠泥，背部剖开，洗净，用纸巾吸取水分，加入蛋清、淀粉加水拌匀备用。
3. 热油锅，放入草虾，炸约2分钟捞出，即成虾球。
4. 苹果削皮，洗净，切小丁，加入虾球拌匀，装盘。
5. 枸杞子汤汁及色拉酱拌匀，倒入小碟子，食用时蘸用。

小贴士

最好选择富士苹果，炒出来的虾仁味道更好。

蟹脚肉蒸蛋

25 分钟　125 克 / 日　秋季

本品肉质细腻，蛋软嫩鲜甜，营养丰富。其主料蟹脚肉富含蛋白质、脂肪及多种矿物质，营养价值较高。

原料

鸡蛋 1 个、鸡蓉 20 克、蟹脚肉 100 克、盐 3 克、高汤适量

做法

1. 将鸡蓉、蟹脚肉放入大碗中备用。
2. 将鸡蛋打散，与高汤、盐拌匀，倒入盛鸡蓉的碗中至八分满。
3. 蒸锅中倒入水煮沸，将大碗放入蒸笼中，用大火蒸约 20 分钟至熟。

小贴士

蟹脚肉解冻后，记得用清水冲洗一下。

羊肉扒莴笋

30 分钟　125 克 / 日　秋季

本品中的羊肉含有丰富的蛋白质、脂肪，同时还含有维生素 B_1、维生素 B_2 及矿物质钙、磷、铁、钾等；莴笋中矿物质、维生素含量较丰富。

原料

羊肉片 300 克、莴笋片 400 克、姜末 20 克、葱花 20 克、蒜蓉 20 克、淀粉 20 克、姜汁酒 10 毫升、料酒 10 毫升、盐 3 克、香油 5 毫升、胡椒粉 3 克、食用油适量

做法

1. 羊肉片加姜汁酒、淀粉拌匀；莴笋片用盐水焯过，捞出沥干；将香油、胡椒粉、淀粉调成芡汁。
2. 油锅烧热，将羊肉片过油后捞出；把锅放回火位，下莴笋片炒熟，盛在碟上。
3. 原锅加油烧热，入姜末、蒜蓉爆香，再入羊肉片、葱花，烹料酒，加盐调入芡汁拌匀，倒在莴笋片上即可。

小贴士

选择羊肉的时候应选色泽鲜红、肉质细嫩、不黏手、没有异味的为佳。

雪菜熘带鱼

12 分钟　100 克 / 日　秋季

本品肉肥刺少，味道鲜美，营养丰富。其主料带鱼含有的脂肪多为不饱和脂肪酸，有益于大脑发育，提高智力。

原料

带鱼 350 克、雪菜梗 50 克、枸杞子 10 克、盐 3 克、味精 2 克、料酒 10 毫升、胡椒粉 3 克、生粉适量、食用油适量

做法

1. 带鱼去鳞、鳃，洗净后切成大块待用。
2. 炒锅上火，倒入少许油烧热，放入带鱼煎至两面皆熟，捞出摆入盘中。
3. 锅内加入清汤，放入盐、味精、料酒、胡椒粉、雪菜梗、枸杞子，大火烧沸后用生粉勾成芡汁，淋在摆齐的带鱼上即可。

小贴士

雪菜要提前在水里浸泡半小时，避免太咸。

盐渍白菜炒肉

15 分钟　75 克 / 日　秋、冬季

本品具有清除体内毒素、利尿通便等作用。其中白菜含有丰富的维生素 B_1、维生素 B_2、维生素 C，猪肉富含有机铁，二者搭配营养价值较高。

原料

白菜 300 克、猪肉 100 克、红辣椒 1 个、盐 3 克、淀粉适量、胡椒 3 克、料酒 10 毫升、酱油 3 毫升、姜 3 克、食用油适量

做法

1. 将白菜的茎与叶分开，用盐充分拌匀至变软，洗去盐分；猪肉洗净切丝；姜洗净切丝；红辣椒洗净切末。
2. 将猪肉放入碗中，加料酒和酱油腌渍入味，再撒上淀粉拌匀。
3. 锅中油烧热，爆香红辣椒、姜丝，转中火加入肉丝同炒，待肉变色，加白菜一起拌炒，最后加入盐、料酒、酱油和胡椒调味即可。

小贴士

炒白菜的时候，先放白菜茎，再放白菜叶，避免白菜叶炒焉。

煮平鱼

25分钟　100克/日　全年

本品含有丰富的不饱和脂肪酸以及微量元素硒和镁，对于小儿久病体虚、气血不足、倦怠乏力、食欲不振等症有较好的调理作用。

原料

平鱼1条、香菇25克、胡萝卜25克、盐2克、味精1克、醋8毫升、酱油15毫升、葱5克、食用油适量

做法

1. 平鱼处理干净，切上十字花刀；香菇泡发洗净，在顶部打上花刀；胡萝卜洗净，切片；葱洗净，切段。
2. 锅内注油烧热，放入平鱼煎至两面金黄色后，注入水，并加入香菇、胡萝卜、葱一起焖煮。
3. 再加入盐、醋、酱油煮至熟后，加入味精调味，起锅装盘即可。

小贴士

平鱼腌制半小时再烹饪更入味。

白椒炒风吹肉

20分钟　75克/日　春季

本品干香鲜辣，肉香带汁，配以蒜苗肥而不腻。其主料风吹肉含有一般猪肉的营养成分，但胜在味美，有提升食欲的作用。

原料

风吹肉350克、白辣椒50克、蒜苗50克、盐3克、料酒3毫升、酱油5毫升、蚝油5毫升、香油5毫升、食用油适量

做法

1. 风吹肉洗净，入锅蒸熟，切片后入沸水中烫一下。
2. 白辣椒用冷水泡5分钟，洗净切段；蒜苗洗净切小段。
3. 起油锅，放入风吹肉煸香，加入酱油、料酒炒匀，放入白辣椒略炒，加盐、蚝油炒拌入味，放入蒜苗段，淋香油炒匀即可。

小贴士

风吹肉即腊肉，以后腿肉为佳。

越瓜烧肉

25 分钟　100 克 / 日　秋、冬季

本品越瓜清脆，猪肉软嫩，有利肠胃、止烦渴、利小便、去烦热等功效，秋冬季节食用还可滋阴润燥，预防上火和便秘。

原料

越瓜 1 个、猪肉 150 克、干辣椒 10 克、盐 3 克、味精 2 克、姜 6 克、生粉 5 克

做法

1. 越瓜洗净切成大块；猪肉洗净切块；姜洗净切成片；干辣椒洗净沥干。
2. 将猪肉用生粉、盐腌渍 10 分钟后，下入五成热的热油中炸至金黄色，捞出。
3. 原锅留油，下入干辣椒、姜片爆锅，再下入越瓜、猪肉翻炒，加盐、味精调味即可。

小贴士

用瘦肉、五花肉烹饪均可。

串烧牛柳

20 分钟　100 克 / 日　夏季

本品是一款比较美味的菜肴，牛柳鲜嫩，辣椒脆嫩，洋葱脆香，白菌滑嫩。其中的白菌铁、磷含量高，是理想的补血疗养食品。

原料

牛柳 200 克、青椒 2 个、红椒 2 个、洋葱 20 克、白菌 15 克、料酒 20 毫升、黑椒碎 8 克、松肉粉 20 克、食用油适量

做法

1. 将牛柳洗净切小块；青椒、红椒去蒂洗净切小块；洋葱洗净切小块备用。
2. 青椒、红椒、白菌、牛柳、洋葱用料酒、黑椒碎、松肉粉拌匀，串成串儿。
3. 锅中放油烧热，将串好的牛柳串放入锅中煎熟即可。

小贴士

牛柳裹上淀粉炸，可以保持牛肉的鲜嫩。

冬菜大酿鸭

100分钟 100克/日 冬季

本品含有多种维生素，具有开胃健脑的作用。其主料鸭肉含B族维生素和维生素E比较多，对于生长发育期的儿童大有裨益。

原料

鸭肉500克、冬菜120克、猪肉250克、盐3克、味精2克、料酒20毫升、酱油10毫升、葱10克、姜25克、花椒5克、胡椒粉2克、鲜汤适量、食用油适量

做法

1. 鸭肉洗净，抹上料酒、盐、胡椒粉、味精，放葱、姜、花椒腌1小时，上屉蒸熟，放凉后切成长方块，放入大碗内待用；将冬菜洗净后切成细末；猪肉洗净后切成小片。
2. 起油锅，下肉片炒干水分，烹入料酒、酱油、味精，加入冬菜炒匀，再加入鲜汤，用小火收汁，倒在鸭肉上即可。

小贴士

生猪肉用淘米水洗两遍，再用清水洗净。

干锅白萝卜

18分钟 150克/日 冬季

本品香辣可口，有促进食欲的作用。其主料白萝卜维生素C含量较多（每100克中含20～30毫克），有增强免疫力的作用。

原料

白萝卜500克、五花肉300克、红辣椒10克、蒜苗段10克、盐3克、生抽3毫升、味精1克、鲜汤适量、干锅油适量、食用油适量

做法

1. 白萝卜洗净，削皮切成片；五花肉洗净，切成片。
2. 锅倒油烧热，放五花肉炒至出油，再倒入白萝卜片炒至四成熟盛出。
3. 锅内留油，放入红辣椒、五花肉、白萝卜片，倒入鲜汤，放入盐、味精、蒜苗段、生抽，淋上干锅油，盛入干锅内即可。

小贴士

宜选购水分少的旱萝卜烹饪。

蛋里藏珍

16 分钟　125 克 / 日　春季

本品营养价值较高，富含蛋白质、维生素和铁、钙等矿物质。其中的袖珍菇蛋白质含量高于常见菌菇，且人体 8 种必需氨基酸全都具备。

原料

鸡蛋 8 个、蘑菇 30 克、袖珍菇 20 克、金针菇 20 克、西蓝花 20 克、鱿鱼 25 克、火腿 25 克、胡椒粉 3 克、盐 3 克、食用油适量

做法

1. 所有原材料（西蓝花、鸡蛋除外）洗净后，全部切成末；鸡蛋煮熟，去蛋壳，掏去蛋黄；西蓝花焯熟。
2. 油烧热，放入所有原材料（鸡蛋除外）炒熟，调入盐、胡椒粉调味，盛起，装入掏空的蛋中，入锅蒸 10 分钟取出，周围摆上焯熟的西蓝花作装饰即可。

小贴士

金针菇一定要烹熟，否则会产生毒素，对人身体健康非常不利。

鹅肝鱼子蛋

18 分钟　50 克 / 日　夏季

本品鲜香嫩滑，营养丰富，老少皆宜。其中的鹅肝营养成分较为齐全，还含有丰富的卵磷脂，对生长发育期的儿童大有裨益。

原料

鸡蛋 2 个、鹅肝 30 克、鱼子酱 10 克、芹菜叶 15 克、盐 1 克、胡椒粉 3 克、橄榄油 5 毫升

做法

1. 鹅肝洗净，切碎；鸡蛋煮熟，剥壳，切成两半，摆盘；芹菜叶洗净。
2. 平底锅内倒入橄榄油烧至七成热，放入鹅肝炒熟，加盐、胡椒粉调味。
3. 将炒好的鹅肝等分量放入鸡蛋切面上，最后放鱼子酱、芹菜叶点缀即可。

小贴士

用不完的芹菜要竖着放置，这样可以保证营养流失不至于太快。

干锅狗肉

35 分钟　100 克 / 日　冬季

本品味道醇厚，芳香四溢。其主料狗肉除含有丰富的蛋白质和脂肪外，还含有维生素 A、维生素 B_2、维生素 E 以及铁、锌、钙等矿物质，营养价值较高。

原料

狗肉 400 克、土豆 200 克、红椒 1 个、香菜 5 克、盐 3 克、料酒 5 毫升、生抽 3 毫升、姜片 5 克、葱段 10 克、食用油适量

做法

1. 狗肉洗净，剁块；红椒洗净切菱形片；土豆去皮洗净，剁块；香菜洗净切段。
2. 锅中油烧热，爆香姜片，下入狗肉、土豆、红椒适量水。
3. 调入料酒、盐、生抽调味，炖熟后撒入香菜段即可。

小贴士

待锅内水分低于食材且露出油后再加调料起锅。

蚝油芥蓝牛肉

20 分钟　125 克 / 日　春、夏季

本品口感好，味道佳。其主料芥蓝维生素含量丰富，维生素 C 含量尤其高，另外还含有能刺激人味觉神经的有机碱，有助于增进食欲，促进消化。

原料

芥蓝 100 克、牛肉 200 克、鸡蛋 1 个、酱油 8 毫升、胡椒粉 5 克、淀粉 10 克、盐 3 克、蚝油 6 毫升、香油 10 毫升、大蒜 10 克、高汤适量、食用油适量

做法

1. 鸡蛋打入碗中搅匀；大蒜去皮，洗净切成末；芥蓝洗净，切成段，焯水摆盘。
2. 牛肉洗净切丝，加酱油、胡椒粉、淀粉及蛋汁调匀腌拌，放入热油锅中滑熟，捞出，沥油。
3. 锅中倒入油烧热，爆香蒜末，加入牛肉大火爆炒，入高汤、蚝油、酱油、盐至汤汁收干，盛入放芥蓝的盘中，淋上香油即可。

小贴士

在烹制芥蓝之前最好用碱水泡一下。

锅巴香牛肉

18 分钟　100 克 / 日　全年

本品瘦肉多、脂肪少，是高蛋白质、低脂肪的优质佳品。在食欲不振的夏季，本品浓重的口感有刺激食欲的作用。

原料

锅巴 100 克、牛肉 300 克、盐 3 克、熟芝麻 15 克、水淀粉 10 毫升、鸡精 3 克、料酒 10 毫升、酱油 5 毫升、醋 3 毫升、高汤适量、食用油适量

做法

1. 牛肉洗净切片，加水淀粉、料酒、盐腌渍；将高汤、盐、醋、料酒、水淀粉、酱油、鸡精兑成味汁。
2. 起油锅，下入牛肉片翻炒至五成熟，下入味汁，待收干时，撒入锅巴、芝麻即可。

小贴士

锅巴不可提前放，避免煮软。

清蒸扇贝

30 分钟　50 克 / 日　全年

本品富含蛋白质、碳水化合物、维生素 B_2 和钙、磷、铁等多种营养成分。主料扇贝的蛋白质含量占 61.8%，为鸡肉、牛肉的 3 倍，适合孩子食用。

原料

扇贝 400 克、盐 3 克、味精 1 克、醋 8 毫升、酱油 3 毫升、葱 10 克

做法

1. 扇贝处理干净，取有肉的一片洗净；葱洗净，切碎。
2. 将扇贝排于盘中，撒上葱花，用盐、味精、醋、酱油调成汁淋在上面。
3. 再放入蒸锅中蒸 20 分钟后，取出即可食用。

小贴士

蒸时间不宜太长，否则就蒸老了，影响口感。

红烧乳鸽

60分钟 100克/日 秋、冬季

本品皮脆肉嫩，芳香可口。其主料乳鸽易于消化，含造血用的微量元素相当丰富，且肉质细嫩，滋味鲜美，是不可多得的佳肴。

原料

乳鸽2只、盐3克、葱段5克、脆皮水适量、食用油适量

做法

1. 乳鸽宰杀后处理干净，整只入锅，加葱段、适量水和盐煲40分钟。
2. 乳鸽熟后取出，均匀地裹上脆皮水，挂在通风处吹干。
3. 锅中油烧至七成热时，下乳鸽炸至金黄色捞出，沥油摆盘即可。

小贴士

乳鸽蒸一下再烹食会更加入味。

蚝油牛筋

12分钟 75克/日 夏季

本品富有韧劲，味道鲜美，营养丰富。其主料牛筋富含胶原蛋白，有补气益血、强筋健骨等作用，适合生长发育期的儿童食用。

原料

牛筋400克、红辣椒1个、葱10克、姜10克、蒜10克、盐3克、豆瓣酱10克、蚝油5毫升、花椒5克、卤包1个、食用油适量

做法

1. 牛筋洗净；红辣椒去蒂及籽，姜去皮，均洗净切丝；蒜去皮切末；葱洗净切段。
2. 豆瓣酱入锅中炒香，加蚝油、花椒、水、盐、牛筋及卤包大火煮开，改小火煮至熟烂，捞出牛筋放凉，切片，加其他配料拌匀。

小贴士

发制好的牛筋宜用清水反复冲洗后再烹饪。

红麻童子鸡

30 分钟　100 克 / 日　春、夏季

本品麻辣鲜香，非常下饭。主料鸡肉中蛋白质含量高、蛋白质种类多，易被人体吸收和利用，有强壮身体的作用。

原料

童子鸡 1 只、干辣椒 100 克、葱 10 克、姜 5 克、盐 3 克、味精 2 克、花椒 4 克、生粉 20 克、料酒适量、食用油适量

做法

1. 童子鸡宰杀后处理干净斩件；葱洗净切段；姜洗净切片；干辣椒洗净切段。
2. 将鸡件调入盐、料酒腌入味，均匀裹上生粉，放入油锅中炸至外焦里嫩脆香。
3. 锅内留油，炒香葱、姜、干辣椒、花椒，放入鸡块，调入盐、味精炒匀即可。

小贴士

若孩子怕辣，可酌情减少辣椒用量。

滑熘里脊

18 分钟　100 克 / 日　夏季

本品肉质鲜嫩，咸鲜清爽，有滋阴清热、润燥止渴的作用。莴笋中矿物质、维生素含量较丰富，有利于增强人体免疫力。

原料

里脊肉 300 克、莴笋 50 克、圣女果 10 颗、盐 3 克、红油 5 毫升、水淀粉 5 毫升、食用油适量

做法

1. 里脊肉洗净，切块；莴笋去皮洗净，切长片，入沸水中焯熟，捞出沥干备用；圣女果洗净，对半切开。
2. 将里脊肉与盐、水淀粉拌匀，入油锅炸至快熟时倒入红油炒匀，起锅盛盘。
3. 将备好的莴笋片、圣女果摆盘即可。

小贴士

宜选购精细的里脊肉，可确保肉质软嫩。

酱羊肉

160 分钟　100 克 / 日　秋、冬季

本品色泽酱黄，肉质细嫩，味道鲜美，肥而不腻。其主料羊肉含有丰富的蛋白质、脂肪，同时还含有维生素 B_1、维生素 B_2 及钙、磷、铁、钾、碘等矿物质，营养全面。

原料

羊肉 400 克、白萝卜 200 克、干黄酱 250 克、盐 5 克、大料 20 克、料酒 50 毫升、桂皮 5 克、丁香 5 克、砂仁 5 克

做法

1. 将带皮羊肉洗净，入冷水中浸约 2 小时，再将羊肉放入锅中，加水没过羊肉，大火烧开，断血即可捞出，洗净血污；白萝卜洗净切块备用。
2. 将捞出的羊肉切成块，放在锅内，加水没过羊肉，下入白萝卜块、干黄酱、盐，大火烧开，撇净浮沫，下入大料、桂皮、丁香、砂仁、料酒等调配料，改用小火煮烂即可。

小贴士

一定要最后放盐，这样羊肉才会比较鲜嫩。

黄金鸭盏

25 分钟　100 克 / 日　秋季

本品造型独特，看起来就让人很有食欲。由于兼具鸭肉、玉米、豌豆等食材的营养功效，营养价值较高，适合孩子食用。

原料

鸭肉 200 克、玉米粒 25 克、豌豆 25 克、雀巢盏 10 个、盐 3 克、味精 1 克、醋 3 毫升、酱油 5 毫升、香油 3 毫升、食用油适量

做法

1. 鸭肉洗净，切成丁；玉米粒、豌豆洗净，用水焯过待用。
2. 起油锅，放入鸭丁炒至金黄色，加入盐、醋、酱油，再放入玉米粒与豌豆翻炒。
3. 加入味精，放入香油略炒后，起锅装入备好的雀巢盏中即可。

小贴士

切鸭肉的时候要顺着肌肉纹理的方向切。

黄鸭肠

12 分钟　50 克 / 日　夏季

本品色泽诱人，咸辣适口。其主料鸭肠富含蛋白质、B 族维生素、维生素 C、维生素 A 和钙、铁等营养成分，适合儿童食用。

原料

鸭肠 400 克、泡椒 50 克、芹菜段 30 克、盐 3 克、味精 2 克、鸡精 2 克、蚝油 10 毫升、蒜片 10 克、姜片 10 克、鲜汤适量

做法

1. 鸭肠清洗干净，过沸水后，切成长短适中的段。
2. 锅置于火上，蚝油烧热，炒香泡椒、蒜片、姜片，放入鸭肠炒匀，加入适量鲜汤。
3. 调入盐、味精、鸡精煮至入味，放入芹菜段，稍煮便可出锅。

小贴士

根据孩子饮食习惯，可适当减少泡椒的用量。

金沙脆鸡柳

25分钟　75克/日　全年

本品外表金黄色，脆香可口，可作主食或点心给孩子食用。其中鸡柳蛋白质含量较高，且易被人体吸收利用，适合生长发育期的儿童食用。

原料

鸡柳300克、盐3克、味精2克、葱3克、芝麻5克、辣椒10克、水淀粉10毫升、面包糠10克、食用油适量

做法

1. 鸡柳洗净，切块，用盐、味精、水淀粉腌20分钟，裹上部分面包糠，串上竹片；辣椒洗净，切丁；葱洗净切碎备用。
2. 油锅烧热，入鸡柳炸至外皮金黄，捞起盛盘。
3. 锅底留油，下辣椒丁、葱花、面包糠、芝麻炒香，盛在鸡柳上即可。

小贴士

也可用粗地瓜粉代替面包糠，炸出来的鸡柳也很酥脆。

蕨菜炒腊肉

10分钟　75克/日　秋季

本品清香开胃，肉质肥而不腻。其中的蕨菜富含氨基酸、多种维生素、微量元素，还含有蕨素、蕨苷等特有的营养成分，钾和维生素C的含量极高，适合儿童食用。

原料

腊肉100克、蕨菜200克、甜椒3个、盐2克、鸡精2克、辣椒酱10克、食用油适量

做法

1. 将蕨菜洗净，切成段；甜椒洗净，切成片。
2. 腊肉洗净，切成薄片。
3. 锅中加油烧热，炒香甜椒，下入蕨菜、腊肉，炒熟后调入盐、鸡精和辣椒酱，炒至入味即可。

小贴士

腊肉本身就有咸味，少加盐或不加盐皆可。

咖喱牛肉丁

20 分钟　125 克 / 日　秋、冬季

本品色泽金黄，咖喱香味浓郁，肉质酥烂可口。其主料牛肉中的氨基酸组成比猪肉更接近人体需要，能提高机体抗病能力，对生长发育期的儿童大有裨益。

原料

牛肉 150 克、土豆 100 克、胡萝卜 75 克、洋葱 1 个、蘑菇 50 克、小黄瓜 20 克、咖喱粉 10 克、盐 3 克、高汤适量、食用油适量

做法

1. 牛肉洗净切成小块，汆烫；蘑菇、小黄瓜分别洗干净，切成片；土豆、胡萝卜分别洗净，去皮，洋葱去皮，均切成小丁。
2. 土豆、胡萝卜放入开水中焯烫，捞出，沥干。
3. 锅中倒油加热，放入咖喱粉以小火炒香，加入牛肉和洋葱拌炒均匀，再加入其他材料及高汤、盐、小火煮 10 分钟即可。

小贴士

若嫌牛肉熟得慢，可先将牛肉放高压锅焖一下以节省烹饪时间。

京酱肉丝

20 分钟　100 克 / 日　全年

本品咸甜适中，酱香浓郁，风味独特，有提升人食欲的作用。里脊肉富含有机铁，有补血养血的作用，对贫血及羸弱的儿童有补益作用。

原料

里脊肉 300 克、白糖 3 克、葱丝 3 克、甜面酱 5 克、酱油 5 毫升、淀粉 3 克、料酒 3 毫升、食用油适量

做法

1. 里脊肉洗净切丝，用酱油、淀粉拌匀。
2. 油烧热，放入里脊肉快速拌炒 1 分钟，盛出；余油继续加热，加入甜面酱、水、料酒、白糖、酱油炒至黏稠状，再加入葱丝及肉丝炒匀，盛入盘中即可。

小贴士

肉丝不宜切得过细，否则容易炒老。

口福手撕鸡

30分钟　100克/日　夏、秋季

本品有温中益气、补精填髓、益五脏、活血脉、强筋骨、补虚损等作用，且鸡肉容易被人体消化吸收，尤适合生长发育期的儿童食用。

原料

鸡400克、葱末5克、姜末3克、酱油10毫升、蚝油10毫升、料酒10毫升、胡椒粉3克、食用油适量

做法

1. 鸡宰杀后处理干净，涂上酱油，入热油中炸上色。
2. 油锅烧热，爆香葱、姜，焦黄时捞出，加入蚝油、料酒、胡椒粉和凉开水烧开，放入鸡，煮20分钟，捞出放凉。
3. 将鸡肉切块，按照鸡肉纹理撕碎，摆盘。

小贴士

较肥的鸡应该去掉鸡皮再烹制。

玲珑小炒

15分钟　125克/日　春、夏季

本品虾仁软嫩鲜香，莴笋脆香适口，玉米粒清香扑鼻，荤素搭配得当，口感甚佳，既营养丰富，又有助于提升孩子食欲。

原料

虾仁50克、玉米粒50克、莴笋100克、青椒1个、红椒1个、盐2克、醋3毫升、香油3毫升、食用油适量

做法

1. 虾仁、莴笋分别洗净切块；青椒、红椒洗净切片；玉米粒洗净。
2. 油锅烧热，下红椒、青椒、虾仁翻炒片刻，再倒入玉米粒和莴笋炒至断生。
3. 调入醋、香油、盐，小火翻炒1分钟即可出锅。

小贴士

玉米粒不宜炒熟透，可加少许水小火焖煮一会儿。

萝卜烧狗肉

60分钟　100克/日　秋、冬季

本品味道醇厚，芳香四溢，有驱寒抗冻之效，尤适合冬季食用。其主料狗肉含有优质蛋白质，萝卜富含维生素C，儿童可适量食用。

原料

狗肉500克、白萝卜300克、蒜苗3棵、盐3克、鸡精2克、红油10毫升、姜片15克、蒜片10克、八角10克、豆瓣酱15克、食用油适量

做法

1. 狗肉洗净，斩件；白萝卜洗净，切块；蒜苗洗净切段。
2. 白萝卜在锅中煮10分钟，垫入煲底；狗肉汆水，捞起备用。
3. 油锅爆香姜片、蒜片、豆瓣酱、八角，下入狗肉炒香，下入盐、鸡精、红油、蒜苗，倒入煲中焖至入味即可。

小贴士

炖制过程中不必添太多水，否则影响汤味。

卤鸡腿

30分钟　125克/日　夏、秋季

本品香嫩、鲜咸，肉质紧实细嫩，滋味鲜美，令人垂涎。其主料鸡腿是高蛋白、低脂肪的食物，赖氨酸含量较高，是儿童摄取蛋白质的绝佳来源。

原料

鸡腿250克、红辣椒1个、香菜20克、蒜10克、葱10克、姜30克、卤包1个、酱油5毫升、冰糖5克、料酒10毫升

做法

1. 蒜去皮洗净，拍碎；香菜洗净；红辣椒、葱洗净切段；姜去皮切片。
2. 鸡腿洗净，放入开水，加一半葱姜汆烫，捞出。
3. 锅中放入另一半葱和姜、大蒜及鸡腿，加入水、酱油、冰糖、料酒、卤包大火煮开，熄火焖10分钟，捞出鸡腿，切块，放入盘中，撒上红辣椒及香菜叶即可。

小贴士

鸡腿不要煮太久，以保持鸡皮完整为最佳火候。

毛家红烧肉

100 分钟 100 克 / 日 秋、冬季

本品色泽红亮，咸鲜辣香，肥而不腻，非常美味。其主料五花肉含有人体必需的脂肪酸，并能提供有机铁，适合孩子食用。

原料

五花肉 300 克、红椒 2 个、盐 3 克、豆瓣酱 8 克、糖色 10 克、味精 2 克、辣酱 5 克、大蒜 10 克、食用油适量

做法

1. 五花肉洗净，切成小方块；红椒洗净，切大块；大蒜去皮洗净切段。
2. 锅中加油烧至六成热，下入五花肉，炸出肉内的油，将油盛出，留五花肉在锅里。
3. 锅里放入糖色、豆瓣酱、辣酱、大蒜、红椒块，炖 1 小时，再加盐、味精调味即可。

小贴士

宜选择三层的五花肉烹制。

秘制珍香鸡

35 分钟 125 克 / 日 冬季

本品肉质细嫩，滋味鲜美，营养价值较高。主料鸡肉滋补作用较强，尤适合冬季食用，民间有“逢九一只鸡，来年好身体”的谚语，即冬令宜以鸡肉进补。

原料

鸡 450 克、青椒 1 个、玉米笋 10 克、红椒 1 个、盐 3 克、味精 2 克、酱油 10 毫升、香油 10 毫升、食用油适量

做法

1. 鸡处理干净，放入开水锅中煮熟，捞出，沥干水分，切块；青椒、红椒、玉米笋洗净，切丁。
2. 油锅烧热，放入青椒、红椒、玉米笋炒香，用盐、味精、酱油、香油，制成味汁。
3. 将味汁淋在鸡块上即可。

小贴士

锅内不需放太多油，因为鸡肉本身会出油。

沙茶扒鸡腿

25分钟　100克/日　全年

本品肉质细嫩，咸鲜适口。鸡腿肉比较容易被人体消化吸收，有增强体力、强壮身体的作用，适合孩子食用。

原料

小鸡腿2只、柠檬30克、盐3克、胡椒粉6克、淀粉15克、沙茶酱10克、酱油8毫升、白糖5克、葱花20克、熟芝麻25克、姜10克、食用油适量

做法

1. 柠檬洗净，切小瓣；姜去皮洗净切片。
2. 鸡腿洗净，放入碗中加葱花、姜片及盐、胡椒粉腌拌均匀，裹匀淀粉。
3. 将鸡腿放入热油锅中炸至外皮酥脆呈金黄色，捞出沥油。
4. 沙茶酱、酱油、白糖放入碗中充分调匀，均匀涂在炸鸡腿上，撒上芝麻，入烤箱略烤，食用时挤上柠檬汁即可。

小贴士

鸡腿用啤酒腌1小时，有助于去除异味。

迷你鸭掌

12分钟　100克/日　夏、秋季

本品麻辣鲜香，鸭掌皮厚有嚼劲，有促进人食欲的作用。鸭掌含有丰富的胶原蛋白，一般人群皆可食用，儿童食用后还有强健骨骼的作用。

原料

鸭掌400克、熟芝麻20克、盐3克、味精2克、酱油10毫升、料酒12毫升、红椒末5克、葱末5克、食用油适量

做法

1. 鸭掌洗净，用温水汆过后，晾干待用。
2. 炒锅置于火上，注油烧热，放入鸭掌翻炒，加入盐、酱油、料酒、红椒末及少许清水。
3. 炒至汤汁收浓，加味精，撒上葱末、芝麻，炒匀起锅装盘。

小贴士

鸭掌在煮食的时候应尽量多煮一会。

泡椒烧牛筋

⏲30 分钟 75 克 / 日 夏、秋季

本品牛筋筋道，口感辣、鲜、香。其主料牛筋有补气益血、强筋健骨的作用，适合生长发育期的儿童食用。

原料

牛蹄筋 200 克、荷兰豆 80 克、泡红椒 80 克、盐 3 克、香油 10 毫升、酱油 10 毫升、青椒段 50 克、食用油适量

做法

1. 牛蹄筋洗净，切块；荷兰豆去筋洗净，切段，焯水后摆盘；泡红椒洗净备用。
2. 油锅烧热，下牛蹄筋爆炒，调入酱油炒至上色，再入泡红椒和青椒同炒片刻。
3. 加入盐炒匀调味，淋入香油，起锅装入摆有荷兰豆的盘中即可。

小贴士

买来的牛蹄筋一定要用清水多洗几次。

什锦鸡肉卷

25 分钟 125 克 / 日 夏、秋季

本品外香里脆，油而不腻，美味可口。因综合了鸡肉、胡萝卜、白萝卜的营养，营养素种类较为齐全，尤适合生长发育期的孩子食用。

原料

鸡腿肉 300 克、胡萝卜 25 克、白萝卜 25 克、盐 3 克、味精 1 克、生抽 10 毫升、淀粉适量、食用油适量

做法

1. 鸡腿洗净去骨；胡萝卜、白萝卜去皮洗净，切条塞入鸡腿中。
2. 锅内注油烧热，下鸡腿炸至金黄色，捞起沥干切段，排于盘中。浇上用淀粉、盐、味精、生抽兑成的芡汁再放入蒸锅蒸熟。

小贴士

鸡肉入锅焯一下可以去除腥味。

爽口腰花

20 分钟　75 克 / 日　夏季

本品具有补肾气、通膀胱、消积滞、止消渴的功效。其主料猪腰富含维生素 B_6、维生素 B_{12}、锌、锰、硒等，有增强免疫力的作用。

原料

猪腰 1 个、水发木耳 20 克、胡萝卜 20 克、莴笋 20 克、豆瓣酱 15 克、泡椒段 10 克、盐 3 克、料酒 5 毫升、水淀粉适量、食用油适量

做法

1. 水发木耳洗净，撕小片；胡萝卜、莴笋洗净切条；木耳片、胡萝卜、莴笋一起放入沸水中焯熟，捞出盛盘。
2. 猪腰处理干净，切成麦穗花状，入油锅过油后盛出放在先前的盘里。
3. 起油锅，先放豆瓣酱、泡椒段炒香，加盐、料酒炒匀，以水淀粉勾芡，淋入盘中。

小贴士

猪腰切好后用醋泡一下，味道会更加嫩脆。

生扣葵花鸡

35 分钟　125 克 / 日　秋季

本品形似葵花，香咸可口。由于综合了鸡肉和胡萝卜、香菇、熟笋等各种食材的营养，荤素搭配适宜，营养价值较高。

原料

鸡腿 200 克、火腿 20 克、胡萝卜 20 克、香菇 20 克、熟笋 25 克、盐 3 克、红辣椒 1 个、酱油 10 毫升、咖喱粉 15 克、高汤适量

做法

1. 胡萝卜去皮切块；红辣椒洗净，切圈；鸡腿洗净，去骨切片，用酱油、咖喱粉、盐腌 10 分钟；火腿切片；香菇去柄洗净。
2. 香菇、熟笋、火腿、胡萝卜、鸡肉装碗，倒入高汤，放入电饭锅中，外锅加水蒸至开关跳起，取出倒扣盘中，撒上红辣椒圈即可。

小贴士

烹制时火力不宜太旺，避免汤大沸。

酸菜鸭

30 分钟　100 克 / 日　春、夏季

本品咸酸适口，肉质致密。其主料鸭肉蛋白质含量为 16% ~ 25%，比畜肉中的蛋白质含量高得多，此外还含有较多的铁、铜、锌等微量元素，适合孩子食用。

原料

鸭肉 600 克、酸菜心 150 克、葱 20 克、盐 3 克、姜 15 克、料酒 10 毫升

做法

1. 鸭肉洗净，放入开水中汆烫；葱洗净，切段；姜洗净，切片；酸菜心泡发洗净，切片。
2. 鸭肉去骨，加料酒、葱、姜略腌，上锅蒸熟，放凉后切块。
3. 将鸭肉及酸菜心间隔排列入蒸盘中，加入盐，放入电饭锅中，外锅加适量水，蒸至开关跳起，倒出汤汁淋在鸭肉上即可。

小贴士

没有注过水的鸭摸起来比较平滑，注过水的鸭高低不平摸起来像长有肿块。

香蒜鸡扒

30 分钟　100 克 / 日　夏季

本品经腌制后油炸，外酥里嫩，非常入味。其主料鸡胸肉蛋白质含量较高，且容易消化，适合儿童常食。

原料

鸡胸肉 300 克、鸡蛋 1 个、黄瓜 50 克、蒜蓉酱 10 克、酱油 5 毫升、香油 3 毫升、盐 3 克、红薯粉 25 克、食用油适量

做法

1. 鸡胸肉去骨洗净，用蒜蓉酱、酱油、香油、盐、鸡蛋液拌匀腌约 20 分钟；取出鸡肉，均匀沾裹红薯粉备用。
2. 黄瓜洗净切片，焯熟后摆盘。
3. 锅中入油烧热，放入鸡胸肉炸至呈金黄色，捞出控油即可。

小贴士

打鸡蛋的时候要沿着一个方向用力搅打至起泡。

香汤软烧鸭

40 分钟　100 克 / 日　秋季

本品色泽金红，鸭肉皮酥肉嫩，鸭血细腻嫩滑，味道鲜美。其主料鸭肉能滋阴；鸭血能补血、解毒；上海青能提供人体所需矿物质、维生素，三者搭配营养价值较高。

原料

烧鸭 250 克、凉皮 250 克、鸭血 200 克、上海青 200 克、葱 3 克、姜 3 克、红油 5 毫升、盐 3 克、味精 2 克、高汤适量、食用油适量

做法

1. 主料及葱、姜分别洗净切好；凉皮与上海青焯熟后摆盘。
2. 油锅烧热，放入高汤、姜片，用大火煮沸，下烧鸭、鸭血煮熟，捞起装入放凉皮、上海青的盘中；红油加热，放入葱花、盐、味精搅匀，淋在鸭肉、鸭血、凉皮、上海青之上即可。

小贴士

宜选购呈暗红色的鸭血，咖啡色的为假鸭血。

香酥出缸肉

30 分钟　75 克 / 日　秋、冬季

本品香咸美味，肉质有嚼劲，不腻味，有提升食欲的作用。因主料为五花肉，所以含有猪肉应有的营养成分，适合儿童食用。

原料

五花肉 500 克、干辣椒 50 克、芝麻 10 克、花生 10 克、盐 3 克、姜片 3 克、葱段 3 克、食用油适量

做法

1. 五花肉洗净，用盐抹匀，晾晒 3 天后入锅蒸 20 分钟，晾冷后放入撒有盐的缸中密封腌渍 1 周，即可出缸洗净切片。
2. 起油锅，放入姜片、干辣椒、肉片翻炒，再放入芝麻、花生、葱段炒香，加少许盐即可。

小贴士

可适当减少辣椒用量。

烟笋烧牛肉

30 分钟　100 克 / 日　全年

本品具有气血双补的作用。烟笋即烟熏过的竹笋，保留着竹笋纤维质丰富的特点；牛肉蛋白质中所含的人体必需的氨基酸较多，营养价值较高。

原料

烟笋 100 克、牛肉 250 克、香菜 10 克、盐 3 克、味精 2 克、酱油 3 毫升、干辣椒 3 克、醋 3 毫升、食用油适量

做法

1. 烟笋泡发，洗净，切条；牛肉洗净，切块；香菜和干辣椒分别洗净、切段。
2. 锅中注油烧热，下干辣椒炒香，放入牛肉炒至变色，再放入烟笋一起炒匀，注入适量清水煮至汁将干时，倒入酱油、醋炒至熟后，调入盐、味精炒入味，起锅装碗，撒上香菜即可。

小贴士

要用小火烧汤，大火烧汤汁干得快，肉不易软。

椰汁芋头鸡翅

40分钟　125克/日　夏季

本品具有清凉消暑、生津止渴、益脾养胃等作用，适合夏季常食。无论是芋头、香菇，还是鸡翅和椰奶，均是营养价值较高的食材，适合孩子常食。

原料

芋头110克、鸡翅200克、香菇20克、酱油15毫升、白糖5克、椰奶200毫升、香油8毫升、淀粉水适量、食用油适量

做法

1. 香菇泡软，去蒂洗净；芋头去皮洗净，切块。
2. 芋头块放入热油锅中炸至表面金黄，捞出沥油。
3. 鸡翅洗净，放入碗中加入酱油腌20分钟，再放入热油锅中炸至金黄。
4. 锅中倒油烧热，放入香菇以小火爆香，加入白糖、椰奶、淀粉水煮开，再加入芋头及鸡翅焖煮至熟，淋上香油即可盛出。

小贴士

处理好的鸡翅应该先放在热水中烫一下，去腥去血水，然后再冲洗干净。

春笋枸杞肉丝

20分钟　125克/日　春季

本品鲜嫩清香，含有丰富的蛋白质、维生素以及钙、磷、铁等人体必需的营养素，有助于消除食胀、增强免疫力。

原料

春笋200克、猪瘦肉150克、枸杞子15克、料酒3毫升、白糖3克、酱油3毫升、味精2克、香油3毫升、盐3克、食用油适量

做法

1. 猪肉洗净，切丝；春笋洗净，切丝；枸杞子洗净。
2. 锅中油烧热，放入肉丝煸炒片刻，加入笋丝，烹入料酒、白糖、酱油、盐、味精、枸杞子翻炒几下，熟后淋入少许香油即可起锅。

小贴士

猪肉也可放蒜腌制，可以让肉更具风味。

葱花羊头

35分钟　100克/日　冬季

本品具有助元阳、疗肺虚、益劳损、壮筋骨等作用，是一款上佳的温补强壮佳肴，尤适合孩子冬季食用。

原料

羊肚150克、羊肉150克、羊头骨100克、红椒2个、盐2克、酱油8毫升、料酒8毫升、葱花5克

做法

1. 羊肚、羊肉分别洗净，切条，用盐、料酒腌渍；羊头骨洗净，对切；红椒洗净、切丁。
2. 锅内加适量清水烧开，加盐，放羊肚、羊肉汆至肉变色，捞起沥水，抹上酱油，填入羊头骨中，放烤箱中烤熟。
3. 取出，撒上红椒丁、葱花即可。

小贴士

腌制羊肉的时候放点淀粉会更加鲜嫩。

粉丝韭菜炒鸡蛋

12分钟　125克/日　春、夏季

本品口感鲜香，入口松软。其中的韭菜有助于维生素A的吸收，韭菜本身又含有丰富的维生素和矿物质，有助于增强体质。

原料

鸡蛋3个、虾仁100克、粉丝100克、韭菜100克、盐3克、食用油适量

做法

1. 取碗，将粉丝放入清水中泡发，捞出洗净后再切成段。
2. 虾仁、韭菜分别洗净后切段。
3. 另取碗，将鸡蛋打入碗中，搅匀。
4. 将虾仁放入鸡蛋中，加盐调味，搅拌均匀后入油锅翻炒，再下粉丝、韭菜炒熟即可。

小贴士

粉丝入锅烹制的时间不宜过长，以免粉丝过软。

大白菜粉丝

20 分钟　150 克 / 日　全年

本品是一款简单易做的家常菜，一般家庭可常食。其中的白菜含有丰富的维生素和矿物质，特别是维生素 C 和钙、膳食纤维的含量丰富，是餐桌上必不可少的一道家常美食。

原料

大白菜 200 克、五花肉 100 克、粉丝 50 克、盐 3 克、味精 2 克、酱油 10 毫升、葱花 8 克、食用油适量

做法

1. 大白菜洗净，切大块；粉丝用温水泡软；五花肉洗净，切片，用盐腌 10 分钟。
2. 油锅烧热，爆香葱花，下五花肉炒变色，下白菜炒匀。
3. 加入粉丝和适量开水，加酱油、盐、味精拌匀，大火烧开，再焖至汤汁浓稠即可。

小贴士

五花肉放淀粉腌制一下会更鲜嫩。

开洋白菜

15 分钟　125 克 / 日　全年

本品虾鲜菜糯，清淡可口，营养价值较高。其中的白菜富含维生素 C；木耳含铁量极高，为各种食物含铁量之冠；虾米含钙丰富。几种食材搭配有助于增强免疫力。

原料

大白菜 200 克、火腿 100 克、辣椒 1 个、泡发木耳 15 克、虾米 25 克、盐 3 克、食用油适量

做法

1. 白菜洗净切丝；火腿、辣椒、木耳均洗净切丝；虾米泡发备用。
2. 锅中油烧热，将火腿丝炒香，盛出；继续爆炒虾米至香味溢出，再倒入白菜及木耳丝以大火炒熟，调入盐炒匀。
3. 最后加入火腿丝及辣椒丝略炒，即可装盘食用。

小贴士

不要把白菜煮得太烂以免影响口感。

彩蔬肉片

40 分钟　150 克 / 日　夏季

本品不但清爽可口，而且荤素搭配得当，色泽诱人，令人垂涎。夏季食欲不振的孩子，家长可常为其烹食。

原料

莲子 20 克、黄瓜 20 克、香菇 10 克、甜椒 1 个、肉片 100 克、胡萝卜 10 克、淀粉 10 克、蒜仁 5 克、食用油适量

做法

1. 莲子放入碗中，泡水 2 小时，移入锅中煮熟；淀粉加 20 毫升水拌匀。
2. 黄瓜、香菇洗净，切片；甜椒去籽，洗净，切片；胡萝卜削皮、洗净、切片；将黄瓜、香菇、甜椒、胡萝卜、肉片放入滚水汆烫至熟备用。
3. 起油锅，放入蒜仁、香菇爆香，加入全部材料拌炒，起锅前加入水淀粉勾芡即可。

小贴士

选黄瓜的时候应选择顶花带刺挂白霜的，这是新摘的鲜瓜，口感好，营养成分也多。

鱼米之乡

15 分钟　100 克 / 日　春、夏季

本品色泽艳丽，闻之清香，令人垂涎，营养丰富。其中的鱼肉富含优质蛋白质，红豆中的皂角苷利尿，玉米中的维生素含量非常高，黄瓜有助于防治唇炎、口角炎，几种食材搭配营养价值较高。

原料

鱼肉 200 克、红豆 25 克、玉米粒 25 克、黄瓜 25 克、盐 3 克、味精 2 克、香油 10 毫升、食用油适量

做法

1. 红豆泡发洗净，煮熟后捞出；玉米粒洗净；黄瓜去皮洗净，切丁；鱼肉洗净，切碎粒。
2. 油锅烧热，下鱼肉炒至八成熟，再入红豆、玉米粒、黄瓜同炒。
3. 调入盐、味精炒匀，淋入香油即可。

小贴士

火候不宜太大，以免鱼肉散掉。

三鲜圣女果

15分钟　150克/日　夏季

本品色彩缤纷，口味多样，有提升食欲的作用。且主料圣女果营养价值高且风味独特，有促进儿童生长发育的作用。

原料

圣女果15颗、虾仁100克、西蓝花150克、黑木耳15克、盐3克、鸡精2克、水淀粉适量、食用油适量

做法

1. 圣女果洗净，对切成两半；虾仁洗净，用刀在表面划浅痕；西蓝花洗净，沥干，掰小朵；黑木耳泡发，摘小朵，洗净沥干。
2. 锅中注油烧热，先后下西蓝花、黑木耳、虾仁及圣女果，炒至所有材料熟。
3. 加盐和鸡精调味，用水淀粉勾芡，炒匀即可。

小贴士

也可将圣女果炒至三分熟，别有风味。

老干妈鸭掌

30分钟　75克/日　夏、秋季

本品中的鸭掌筋多、皮厚，口感佳，且富含蛋白质，少糖，少脂肪，有平衡膳食的作用，孩子常食还可促进骨骼发育。

原料

鸭掌350克、青椒2个、红椒2个、盐3克、辣酱5克、老干妈豆豉10克、醋3毫升、香油3毫升、食用油适量

做法

1. 鸭掌洗净；青椒、红椒分别洗净，切圈。
2. 锅内倒入清水，加盐，放入鸭掌煮熟，捞出沥水，摆盘。
3. 油锅烧热，放入青椒、红椒及辣酱、老干妈豆豉、醋、蒜末炒香，起锅倒在鸭掌上，淋上香油即可。

小贴士

鸭掌为减肥佳品，肥胖儿童可多食。

钵子娃娃菜

10 分钟　125 克 / 日　春季

本品有养胃生津、除烦解渴、利尿通便、清热解毒等作用，主料娃娃菜钾含量较高，对于容易疲劳的人来说是不错的选择。

原料

娃娃菜 300 克、五花肉 50 克、红椒 2 个、盐 3 克、姜 5 克、蒜 5 克、鸡精 2 克、香油 3 毫升、食用油适量

做法

1. 娃娃菜洗净切条；五花肉洗净切片；红椒洗净切圈；姜、蒜洗净，切末。
2. 锅中烧开水，加入娃娃菜焯熟，捞出沥干水分放于钵子中。
3. 起油锅，下姜、蒜、五花肉和红椒炒熟，加盐、鸡精略炒倒在娃娃菜上，淋上香油。

小贴士

五花肉焯水后可以去除腥味。

口水鸡

25 分钟　100 克 / 日　夏、秋季

本品营养价值极高，其中的鸡肉，不但肉质细嫩、口感鲜香，而且还含有大量优质蛋白质；其中的花生和芝麻富含不饱和脂肪酸，有助于促进孩子大脑发育。

原料

鸡肉 500 克、油酥花生 30 克、熟黑芝麻 10 克、香菜 10 克、辣椒油 5 毫升、香油 5 毫升、花生酱 10 克、盐 3 克、葱 20 克

做法

1. 葱洗净切葱花；花生米擀碎；香菜洗净切碎。
2. 鸡处理干净，去脚和翅尖，煮熟后斩条装盘；鸡汤备用。
3. 用香油把花生酱滑散，加盐、辣椒油、冷鸡汤、和黑芝麻、油酥花生拌匀，调成味汁，淋在鸡肉上，撒上葱花、香菜即可。

小贴士

禁忌食用鸡臀尖。

卤水鹅翼

45分钟 100克/日 夏、秋季

本品色泽红亮，鹅翼鲜香，有促进人食欲、补阴益气、暖胃生津等功效，尤适合夏季食欲不振的儿童食用。

原料

鹅翼400克、盐3克、味精2克、香料5克、卤汁适量

做法

1. 将鹅翼去毛洗净，用开水煮熟。
2. 将鹅翼煮熟后取出，冲冷水，沥干水分。
3. 用放有香料的卤水汁浸泡30分钟，调入盐、味精后取出装盘即可。

小贴士

在卤汁中浸泡时间越久，鹅翼越入味。

芹菜狗肉煲

40分钟 150克/日 冬季

本品有驱寒保暖的作用，尤适合冬季食用。其中的狗肉富含球蛋白，对增强机体抗病能力及增强细胞活力有明显效果。

原料

狗肉200克、芹菜200克、红椒50克、生姜15克、葱10克、盐3克、白糖3克、蚝油10毫升、生抽15毫升、淀粉15克、胡椒粉3克、料酒20毫升、味精2克、食用油适量

做法

1. 狗肉洗净斩块，下少许盐、味精、淀粉腌制好；芹菜洗净切段；红椒洗净切块；生姜洗净切片；葱洗净切段。
2. 将狗肉放入锅中炒干，倒出洗净。
3. 烧锅下油，下姜片、狗肉，烹入料酒爆香，加入清水和盐、白糖、蚝油、生抽、胡椒粉调味，小火烧煮30分钟，放入芹菜、红椒，用淀粉勾芡，撒入葱段即成。

小贴士

芹菜宜选择那些色泽较深、腹沟较窄的。

罗汉笋红汤鸡

30分钟 100克/日 夏季

本品笋肉肥厚，鸡肉细嫩，滋味鲜美，加上诱人的色泽，闻之令人垂涎。罗汉笋是一种高山竹笋，比一般竹笋营养价值高，适合儿童食用。

原料

罗汉笋200克、鸡肉300克、盐3克、味精2克、葱花5克、姜末5克、料酒10毫升、红油3毫升、胡椒粉3克、熟芝麻5克、葱段适量、鸡汤适量

做法

1. 罗汉笋洗净，入水中煮熟，捞出。
2. 鸡肉处理净，下入清水锅中，加葱段、姜末、料酒、盐煮好，用冷水冲浸10分钟，捞出切条，放在罗汉笋上。
3. 用鸡汤、红油、味精、胡椒粉调成汁淋在鸡块上，撒上葱花和熟芝麻即可。

小贴士

宜选购根部发红、节与节之间距离近的罗汉笋。

蒸扁口鱼

35分钟 150克/日 全年

本品肉质细白鲜嫩，咸鲜清爽，口感甚佳，其中所含的优质蛋白质很适合生长发育期的孩子，家长可常为孩子烹食。

原料

扁口鱼1条、青椒1个、红椒1个、洋葱10克、盐3克、料酒5毫升、高汤100毫升、食用油适量

做法

1. 青椒、红椒、洋葱洗净切丝；扁口鱼处理干净，用料酒腌渍。
2. 油锅烧热，下扁口鱼稍煎，注入高汤，放入蒸笼蒸熟。
3. 油锅再烧热，下入青椒、红椒、洋葱、盐爆香后，撒在蒸好的扁口鱼上即可。

小贴士

切洋葱的时候，先把洋葱头尾去除，然后在冷水中浸泡10分钟，再切就不会流泪了。

蟹肉煲豆腐

50分钟　100克/日　秋季

本品蟹香味浓，爽滑适口，有促进人食欲的作用。其中豆腐有助于补充植物蛋白，增强免疫力；蟹肉含有丰富的维生素A及钙、磷、铁、维生素B_1等，营养价值很高。

原料

螃蟹250克、日本豆腐50克、干贝5克、盐3克、淀粉10克、葱5克、食用油适量

做法

1. 螃蟹蒸熟、拆肉；葱洗净切末；豆腐切成棋子形状。
2. 蟹肉下锅煎炒，起锅备用；日本豆腐下锅煎至金黄色，再放入蟹肉稍炒。
3. 用淀粉勾兑芡汁打芡，放入盐、油调味，撒上干贝、葱末即可。

小贴士

吃蟹时稍蘸姜醋汁或稀释一倍的醋，杀菌效果最好。

桂圆栗子炖猪蹄

50分钟　200克/日　秋、冬季

本品味美可口，有补脾健胃、补肾强骨、活血止血等作用，儿童食用后有助于增强体质，冬季炖食，还有一定的御寒功效。

原料

桂圆肉100克、栗子200克、猪蹄2只、盐3克

做法

1. 栗子入开水中煮5分钟，捞起剥膜，洗净沥干。
2. 猪蹄洗净入开水中汆烫后捞起，沥干。
3. 将栗子和猪蹄盛入炖锅，加水至盖过材料，以大火煮开，转小火炖约30分钟。
4. 加入桂圆肉续煮5分钟，加盐调味即可。

小贴士

在猪蹄里略加一点醋，有助于使骨细胞中的胶质分解出磷和钙来，增加营养价值。

鲇鱼炖茄子

40分钟　125克/日　秋季

本品肉质细嫩，汤味浓郁，且营养开胃，对于消化功能不佳、营养不良的孩子来说是一道不可多得的佳品。其中的鲇鱼刺少肉嫩，对孩子尤其适合。

原料

鲇鱼300克、茄子150克、盐3克、生抽6毫升、料酒7毫升、鸡汤300毫升、葱10克、姜3克、蒜头3克、食用油适量

做法

1. 鲇鱼搓洗一下去掉表皮的黏液，汆烫后，取出切成段；茄子去皮切块，用少许油炒软盛出。
2. 葱洗净切段；姜洗净去皮切片；蒜头洗净。
3. 油锅炒香葱段、姜片、蒜头，加鸡汤，烧开后加鲇鱼、茄子，用生抽、料酒、盐调味，用小火炖半小时即可。

小贴士

有痼疾、疮疡者的孩子不宜食用。

南瓜盅肉排

50分钟　175克/日　秋季

本品造型新奇，容易吸引人的胃口，且营养丰富。其中的南瓜含有较丰富的维生素A、B族维生素、维生素C；芋头中有多种微量元素，能增强人体的免疫力，二者与肉排搭配，营养价值较高。

原料

南瓜200克、芋头100克、肉排150克、红椒20克、姜10克、酱油3毫升、味精2克、白糖5克、盐3克、食用油适量

做法

1. 南瓜洗净，雕花成南瓜盅；芋头去皮洗净，切块；红椒洗净切片；姜去皮洗净切片。
2. 肉排洗净切块，焯水，入油锅煸炒，加芋头、姜片、白糖、酱油、盐、味精、红椒炒匀。
3. 把炒好的排骨装入南瓜中，上锅蒸40分钟即可。

小贴士

排骨炸后再烹，更有风味。

第四章

小学生的健康素食

素食是相对荤腥而言，相对荤菜主要提供优质蛋白质、脂肪，素食主要以蔬菜、水果、鸡蛋、豆制品等食材为原料，提供植物性营养素较多，有避免儿童发胖的作用。家长不要一味地让孩子进食荤腥，荤素搭配更营养。

藕片炒莲子

10 分钟　100 克 / 日　秋季

本品具有滋阴生津、清热凉血的作用，非常适合夏、秋季节食用，尤其适合容易上火、便秘、流鼻血的孩子食用。

原料

莲藕 400 克、莲子 200 克、红椒 1 个、青椒 1 个、盐 3 克、食用油适量

做法

1. 将莲藕洗净切片；莲子去心洗净；青椒、红椒洗净切块。
2. 将莲子放入水中，提前浸泡后捞出沥干。
3. 将锅置于火上，倒油烧热，放入青椒、红椒、莲藕翻炒。
4. 再放入莲子，调入盐炒熟即可。

小贴士

莲藕脆而甜，可熟食，也可生食。

鲍汁白灵菇

15 分钟　75 克 / 日　春、秋季

本品味道鲜美，口感细腻，营养丰富，可以补蛋白质、粗纤维以及多种有益健康的矿物质，有增强孩子免疫力的作用。

原料

白灵菇 1 个、西蓝花 20 克、盐 2 克、白糖 5 克、鲍鱼汁适量

做法

1. 白灵菇洗净，摘去菌柄；西蓝花洗净，掰成小朵备用；盐、白糖、鲍鱼汁拌匀调成味汁。
2. 将白灵菇装盘，淋上味汁后放入锅中蒸 10 分钟，取出。
3. 西蓝花用沸水焯熟，摆盘即可。

小贴士

烹饪之前，可将西蓝花放盐水中浸泡几分钟。

玉米炒鸡蛋

15 分钟 125 克 / 日 春季

本品中的玉米维生素含量非常高；鸡蛋所含的蛋白质是天然食品中最优质的蛋白质；青豆富含 B 族维生素。几种食材搭配，营养成分较为齐全。

原料

玉米粒 150 克、鸡蛋 2 个、火腿 50 克、青豆 25 克、胡萝卜 100 克、盐 3 克、葱 2 根、水淀粉适量、食用油适量

做法

1. 胡萝卜洗净切粒，与玉米粒、青豆入沸水中煮熟备用。
2. 鸡蛋入碗中打散，并加入盐和水淀粉调匀；火腿切丁；葱洗净，葱白切段，葱叶切碎。
3. 热锅内注油，倒入蛋液，炒至凝固时盛出；锅内再放油炒葱白，接着放玉米粒、胡萝卜粒、青豆和火腿粒，再放入蛋块，加盐调味，炒匀盛出即成。

小贴士

要小火慢翻炒，玉米粒才容易熟透。

西芹炒胡萝卜

12分钟　100克/日　春、夏季

本品黄绿相间，色彩鲜艳，看起来就很有食欲，入口爽脆清香，更增饭香，且含有丰富的维生素和胡萝卜素，营养价值高，尤其适合食欲不佳的孩子食用。

原料

西芹250克、胡萝卜150克、香油10毫升、盐3克、鸡精1克、食用油适量

做法

1. 将西芹洗净，切菱形块，入沸水锅中焯水；胡萝卜洗净，切成粒。
2. 锅注油烧热，放入芹菜爆炒至熟，调入香油、盐和鸡精调味，盛入盘中。
3. 另起锅，将胡萝卜粒炒熟，放在芹菜上。

小贴士

胡萝卜粒炒至八分熟，口感更好。

鸡腿菇烧豆腐

10分钟　100克/日　春季

本品中所用两大主料豆腐、鸡腿菇，均是高蛋白、营养丰富的食物，配合上海青、海米食用，营养成分更全面，营养价值更高，孩子可以常食。

原料

鸡腿菇100克、豆腐100克、红椒20克、盐3克、酱油3毫升、色拉油3毫升、味精2克、葱丝5克、蒜末3克、姜丝5克、花椒水5毫升、水淀粉适量、鲜汤适量、食用油适量

做法

1. 将鸡腿菇洗净，菌柄和菌盖保持原形；豆腐洗净切块。
2. 炒锅入油，烧至七成热，倒入豆腐炸呈红黄色，入鸡腿菇，用手勺推动两下倒入漏勺，沥油。
3. 留底油，下葱、姜丝、红椒，加调味料，倒入鲜汤、鸡腿菇、豆腐等烧至汤少时用水淀粉勾芡，淋油装盘。

小贴士

新鲜的豆腐放在盐水中浸泡半小时，取出烹制就不易碎了。

双色蒸水蛋

20分钟 125克/日 秋季

本品中的蛋白质含量很高，且所含蛋白质与人体蛋白组成相似，还含有卵磷脂、钙、磷、铁、维生素A、维生素D等营养物质，既可强身，又可健脑。

原料

鸡蛋2个、菠菜20克、盐3克、香油适量

做法

1. 将菠菜洗净后切碎。
2. 取碗，用盐将菠菜腌渍片刻，用力揉透至出水。
3. 再将菠菜叶中的汁水挤干净。
4. 鸡蛋打入碗中拌匀加盐，再分别倒入鸳鸯盘的两边，在锅一侧放入菠菜叶，入锅蒸熟，调入香油即可。

小贴士

菠菜烹饪速度宜快，预防维生素C的流失。

河塘小炒

15分钟 150克/日 夏季

本品口感鲜香，具有养胃健脾、营养滋补的作用。其中的莲藕还可补脾益血、开胃健中、增强免疫力，适合孩子食用。

原料

莲藕150克、荷兰豆100克、草菇100克、红椒1个、黄椒1个、盐3克、食用油适量

做法

1. 将莲藕去皮，洗净，切片；荷兰豆洗净，摘去老筋；草菇洗净，对半切开；红椒、黄椒洗净，去籽，切块。
2. 锅中油烧热，放入莲藕、荷兰豆、草菇、红椒、黄椒，翻炒。
3. 调入盐，炒熟即可。

小贴士

如果想在烹制的时候保证藕的颜色不变，最好用加了醋的冷水泡一下。

番茄炒鸡蛋

12分钟　100克/日　全年

本品色泽鲜艳，酸甜适中，营养搭配合理，且简单易做，可经常为孩子烹食。其中的番茄和鸡蛋还有营养素互补的特点。

原料

番茄150克、鸡蛋2个、白糖10克、盐3克、食用油适量

做法

1. 番茄洗净切块；鸡蛋打入碗内，加入少许盐搅匀。
2. 锅放油，将鸡蛋倒入，炒成散块盛出。
3. 锅中再放油，放入番茄翻炒，再放入炒好的鸡蛋，翻炒均匀，加入白糖、盐，再翻炒几下即成。

小贴士

炒西红柿时放点白糖，可避免菜品太酸。

蚝油鸡腿菇

10分钟　125克/日　春季

本品味道鲜美，口感极好，营养丰富，其中的鸡腿菇集营养、保健、食疗于一身，可健脾胃，治痔疮，提高免疫力。

原料

鸡腿菇400克、青椒1个、红椒1个、盐3克、老抽10毫升、蚝油20毫升、食用油适量

做法

1. 鸡腿菇洗净，焯水，晾干待用；青椒、红椒洗净，切成菱形片。
2. 油烧热，放入鸡腿菇翻炒，再放入盐、老抽、蚝油。炒至汤汁收浓时，再放入青椒片、红椒片稍炒，起锅装盘即可。

小贴士

蚝油不宜在锅里久煮，否则会失去鲜味。

红枣炒竹笋

25 分钟　125 克 / 日　春、夏季

本品营养美味，具有开胃健脾、通肠排便的作用。其中的竹笋含有丰富的植物蛋白、维生素及微量元素，有增强免疫力的作用。

原料

竹笋30克、水发木耳20克、红枣5颗、青豆10克、胡萝卜30克、番茄酱20克、白糖5克、盐3克、味精2克、食用油适量

做法

1. 水发木耳切丝；红枣洗净去核；青豆洗净；竹笋、胡萝卜洗净切小块。
2. 将竹笋、胡萝卜、青豆汆水，捞出；锅置火上，油烧热，下笋略炒后，捞出。
3. 烧热油，放入水发木耳、竹笋、胡萝卜、青豆和红枣置锅内拌炒熟，下入白糖、盐、味精和番茄酱，翻炒均匀即可盛盘。

小贴士

竹笋在汆水后应该再用凉水冲一下，这样可以去除苦味。

酱汁豆腐

12 分钟　100 克 / 日　全年

本品植物蛋白含量较高，对儿童生长发育有益。豆腐中的大豆卵磷脂还有助于神经、血管、大脑的发育生长，有健脑益智的作用。

原料

豆腐 250 克、生菜 100 克、番茄汁 3 毫升、白糖 3 克、红醋 3 毫升、淀粉 3 克、食用油适量

做法

1. 豆腐洗净切条，均匀裹上淀粉；生菜洗净垫入盘底。
2. 热锅下油，入豆腐条炸至金黄色，捞出放在生菜上；再将油烧热，放入番茄汁炒香，加入少许水、红醋、白糖，用淀粉勾芡，起锅淋在豆腐上即可。

小贴士

豆腐裹上淀粉再炸口感更好。

鸡汁黑木耳

15 分钟　125 克 / 日　全年

本品含有蛋白质、脂肪、钙、磷、铁、维生素 B_1、维生素 B_2、卵磷脂等多种营养素，营养价值极高，有促进孩子免疫力的功能，还可预防口腔溃疡。

原料

黑木耳 150 克、上海青 200 克、火腿 50 克、盐 2 克、鸡汁 15 毫升、鸡油 15 毫升、清汤适量

做法

1. 黑木耳泡发洗净；上海青洗净略烫；火腿切丝。
2. 锅内倒入清汤烧开，放入上海青，下黑木耳用小火煨熟，加盐调匀，连清汤一起倒入盘中。
3. 撒上火腿丝，淋上鸡汁、鸡油即可食用。

小贴士

上海青宜需选择颜色嫩绿、新鲜肥美、叶片有韧性的。

清炒白灵菇

15 分钟　50 克 / 日　春、秋季

本品中营养价值较高的素材较多，B 族维生素和维生素 C 含量丰富，有增强免疫力的作用，有助于预防上火，家长可常为孩子烹饪。

原料

白灵菇 150 克、红樱桃 10 颗、青豆 10 克、胡萝卜丝 10 克、青笋丝 10 克、盐 2 克、醋 3 毫升、食用油适量

做法

1. 白灵菇洗净，切条；红樱桃洗净去籽，对切；青豆洗净，入沸水焯熟。
2. 油烧热，放入白灵菇炒至七成熟，加胡萝卜丝、青笋丝翻炒至熟，加盐、醋调味，出锅盛盘；红樱桃、青豆沿碟边摆放点缀。

小贴士

红樱桃记得去籽。

滑子菇小白菜

10 分钟　100 克 / 日　春季

本品味道鲜美，营养丰富，其中的滑子菇对保持人体的精力和脑力大有益处，因此尤适合学龄期的孩子食用。

原料

滑子菇 200 克、小白菜 200 克、盐 2 克、味精 1 克、生抽 8 毫升、食用油适量

做法

1. 滑子菇洗净，用温水焯过后晾干备用；小白菜洗净，切片。
2. 锅置于火上，注油烧热后，放入滑子菇翻炒，锅内加入盐、生抽炒入味。
3. 再放入小白菜翻炒片刻，加入味精调味，起锅摆盘即可食用。

小贴士

小白菜宜随买随吃，存放两天以上的小白菜不宜食用。

雪里蕻豆瓣酥

15分钟　75克/日　夏季

本品含有丰富的维生素C，有增加大脑氧含量的作用，可醒脑提神。其中的豌豆瓣还可益中气，调营卫，通利大肠，增强新陈代谢。

原料

雪里蕻100克、豌豆瓣500克、红椒1个、盐3克、味精2克、食用油适量

做法

1. 将新鲜的豌豆瓣煮熟后，制成豆瓣泥；将雪里蕻、红椒分别洗净，切碎炒熟。
2. 取出一个大碗，先铺一点红椒末，再将雪里蕻整齐地摆放在碗底；起油锅，下豆瓣泥，放盐、味精调味。
3. 将豆瓣泥装入碗中，用底盘倒扣出即可。

小贴士

孩子如果怕辣，不放红椒也不影响口感。

阿凡提小炒

25分钟　150克/日　全年

本品不但清新适口，而且富含蛋白质、维生素、矿物质，能补充人体所需的多种营养素，是儿童食用的佳品。

原料

红腰豆100克、玉米粒300克、青豆100克、胡萝卜50克、葡萄干20克、盐2克、味精1克、白糖5克、食用油适量

做法

1. 红腰豆洗净煮熟备用；玉米粒、青豆、葡萄干分别洗净沥干；玉米粒、青豆汆水；胡萝卜洗净去皮，切成丁。
2. 锅中倒油烧热，下入玉米粒、青豆、胡萝卜炒熟，加入红腰豆和葡萄干翻炒。
3. 加盐、白糖和味精，炒至入味即可。

小贴士

选购胡萝卜的时候要选择肉厚、心小、较为粗短者，这种胡萝卜含有的胡萝卜素较多。

双耳煎蛋皮

15 分钟　175 克 / 日　全年

本品蛋白质含量丰富，矿物质种类较多，既可增强人体免疫力，又可维持机体的酸碱平衡，有润肠、益胃、补气、和血、强心、壮身、补脑等多种功效。

原料

黑木耳 100 克、银耳 100 克、鸡蛋 2 个、枸杞子 10 克、盐 3 克、淀粉 20 克、食用油适量

做法

1. 取碗，将黑木耳、银耳、枸杞子分别用清水泡发。
2. 将鸡蛋打入装有淀粉的碗中，搅拌均匀，然后下入油锅中煎成薄薄的蛋皮，装盘待用。
3. 将油锅烧热，放入木耳、银耳、枸杞子炒熟，加盐调味后，铺在煎好的蛋皮上即可。

小贴士

木耳在烹制之前，若用淘米水来泡发，会更肥大、松软，味道也更鲜美。

茯苓豆腐

23 分钟　100 克 / 日　冬季

本品营养滋补，具有利水渗湿、益脾和胃、增强机体免疫力的作用，不但适合儿童食用，也适合老年人食用。

原料

老豆腐 200 克、茯苓 30 克、香菇 50 克、枸杞子 10 克、盐 3 克、料酒 5 毫升、淀粉 10 克、清汤适量、食用油适量

做法

1. 豆腐洗净挤压出水，切成小方块，撒上盐；香菇洗净切成片。
2. 将豆腐块下入高温油中炸至金黄色。
3. 清汤、枸杞子、盐、料酒倒入锅内烧开，加淀粉勾成白汁芡，下入炸好的豆腐、茯苓、香菇片炒匀即成。

小贴士

如果要保鲜豆腐，可以把它浸在淡盐水中，豆腐就不容易变质了。

菠菜豆腐卷

10 分钟　150 克 / 日　秋、冬季

本品含有丰富的维生素 A、维生素 C 及矿物质，尤其是铁含量丰富，对于贫血的儿童来说是再好不过的佳肴。

原料

菠菜 500 克、豆腐皮 150 克、甜椒 1 个、盐 3 克、味精 2 克、酱油 8 毫升

做法

1. 菠菜去根，洗净；甜椒洗净，切丝；豆腐皮洗净备用。
2. 将上述材料分别放入开水中稍烫，捞出，沥干水分。菠菜切碎，加盐、味精、酱油搅拌均匀。
3. 将拌好的菠菜放在豆腐皮上，卷起来，均匀切段，摆盘，放上甜椒丝即可。

小贴士

豆腐卷要切成长度相同的段，这样会更美观。

咸蛋酿莲藕

25分钟　150克/日　夏季

本品既有咸蛋的咸香，又含有莲藕的清香，加上味汁的鲜美，使得菜品口味特别，孩子食用后会记忆犹新。

原料

咸蛋3个、莲藕300克、姜25克、香菜10克、盐2克、味精1克、冰糖10克、白糖2克、鸡汤100毫升、酱油3毫升、生粉2克

做法

1. 莲藕削去皮，洗净；咸蛋取出蛋黄，将蛋黄镶进莲藕；香菜洗净切段；姜洗净切片。
2. 锅上火，注入适量清水，加姜片、冰糖，调入盐、味精，放入镶有咸蛋黄的莲藕。大火煮开，转小火煲至莲藕熟，取出。
3. 将莲藕切成片，摆入盘内，淋上用鸡汤、酱油、盐、生粉、白糖勾成的芡汁，撒上香菜段即可。

小贴士

藕切片后放入沸水中焯一下，口感会更爽脆。

青椒蒸芋头

20分钟　100克/日　春、夏季

本品营养成分较全面，含有钙、磷、铁等矿物质元素和维生素B_1、维生素B_2、维生素C、胡萝卜素等，其中胡萝卜素对眼睛有益。

原料

青椒50克、芋头200克、盐3克、味精2克、白糖5克、食用油适量

做法

1. 青椒洗净，去蒂去籽后切成条；将芋头削去粗皮，洗净，切成条，用油炸一下。
2. 将炸好的芋头与青椒拌在一起，用调味料调好味。
3. 再将芋头和青椒上笼蒸熟，取出即可。

小贴士

也可不放盐，加入白糖和蜂蜜即可做成甜品。

美味豆腐球

15 分钟　125 克 / 日　夏季

本品不但美味，而且营养价值极高，适合孩子常食。其中的豆腐有“植物肉”之誉；鸡蛋富含优质蛋白质。二者搭配几乎能满足人体对营养素的全部需求。

原料

豆腐 350 克、鸡蛋 2 个、盐 3 克、胡椒粉 3 克、鸡精 2 克、吉士粉 6 克、生粉 5 克、白糖 15 克、食用油适量

做法

1. 将豆腐洗净后压碎；鸡蛋取蛋清打入碗中拌匀。
2. 豆腐末装入有鸡蛋清的碗中，加吉士粉、生粉、胡椒粉、鸡精、盐调成豆腐糁，入四成油温的锅中炸至呈金黄色的豆腐球时，捞起装入盘中。
3. 锅中留少许底油，下入白糖熬至起泡后，加少许水熬成糖汁，淋于豆腐球上。

小贴士

可将豆腐焯过之后再烹饪，不易碎，且没有豆腥味。

菠菜番茄炒蛋

10 分钟　100 克 / 日　秋季

本品含有丰富的维生素 A、维生素 C、胡萝卜素、蛋白质、矿物质等，还含有具有开胃作用的有机酸，适合生长发育期的孩子食用。

原料

鸡蛋 2 个、菠菜 100 克、番茄 50 克、盐 3 克、食用油适量

做法

1. 菠菜洗净切段；番茄洗净后切小块。
2. 锅内水烧开，将菠菜焯水后捞出，沥干水分。
3. 将鸡蛋打入碗中，打匀后加入适量盐调味。
4. 再放入菠菜段、番茄块搅拌，锅内油烧热，下锅炒熟即可。

小贴士

在焯菠菜的时候放点盐，可以让菠菜不变色。

小葱煎豆腐

14分钟 75克/日 春、夏季

本品焦香美味，有提升食欲的作用。豆腐中蛋白质含量丰富，同时还含有钙、磷、铁等人体需要的矿物质，对健康大有裨益。

原料

豆腐500克、香葱50克、盐3克、味精2克、食用油适量

做法

1. 豆腐略洗切片；香葱洗净切末。
2. 炒锅上火，放入油，烧至七成热，将豆腐片放入锅内炸至金黄色时，捞出沥干油分。
3. 锅内留少许底油，烧至七成热，将炸好的豆腐片放入锅，下葱末、盐、味精炒匀即可。

小贴士

炸豆腐的时候，油锅不宜太热。

清炒丝瓜

12 分钟　150 克 / 日　夏季

本品具有解毒消痛、滋阴清热的作用，对于咳嗽咽痛有辅助治疗作用。此外，本品还可补充 B 族维生素、维生素 C，可促进新陈代谢。

原料

嫩丝瓜 300 克、盐 3 克、味精 2 克、食用油适量

做法

1. 挑选嫩丝瓜，削去表皮，再切成块状。
2. 锅上火，加油烧热，下入丝瓜块炒至熟软。
3. 再掺入适量水，加入盐和味精煮沸后即可。

小贴士

丝瓜汁水丰富，宜现买现做，不宜久存。

鸡蛋蒸日本豆腐

10 分钟　75 克 / 日　全年

本品清淡中不乏鲜香，入口嫩滑美味，还带有鸡蛋的美味清香，色香味俱全。菜品中含有丰富的蛋白质和钙、铁，非常适合老人和儿童食用。

原料

鸡蛋 1 个、日本豆腐 200 克、剁椒 20 克、盐 3 克、味精 2 克、葱花 3 克、食用油适量

做法

1. 将豆腐切成 2 厘米厚的段。
2. 将切好的豆腐放入盘中，打入鸡蛋置于豆腐中间，撒上盐、味精。
3. 将豆腐与鸡蛋置于蒸锅上，蒸至鸡蛋熟，取出；另起锅置火上，加油烧热，下入剁椒稍炒，淋于蒸好的豆腐上，撒上葱花即可。

小贴士

日本豆腐易碎，切的时候要小心些。

功德豆腐

15 分钟　100 克 / 日　冬季

本品色泽金黄光亮，豆腐鲜嫩，咸香可口，有增强孩子食欲的作用，且豆腐的植物蛋白配合着香菇和松口蘑的维生素、矿物质，营养成分较为齐全，适合孩子常食。

原料

豆腐 250 克、香菇 50 克、松口蘑 15 克、盐 3 克、酱油 3 毫升、料酒 3 毫升、白糖 3 克、香油 5 毫升、鲜汤适量、食用油适量、淀粉适量

做法

1. 豆腐切圆形；香菇洗净；松口蘑洗净去根，均焯熟。
2. 锅中放油，烧至七成热时下豆腐炸至金黄色盛盘，锅内放酱油和鲜汤烧入味，汤浓后加盐、白糖、料油，淀粉勾芡后起锅淋在豆腐顶部，先码香菇再码松口蘑。
3. 淋上香油即可。

小贴士

炸豆腐的时候，油锅不要过热。

草菇扒芥蓝

12 分钟　125 克 / 日　春季

本品中的芥蓝翠绿，草菇油亮光滑，看起来就有食欲，口感和色泽都很棒。其中的草菇还含有磷、钾、钙等多种矿物质元素，对孩子生长发育有好处。

原料

芥蓝 300 克、草菇 150 克、盐 3 克、鸡精 1 克、老抽 3 毫升、食用油适量

做法

1. 将芥蓝洗净，焯水后沥干待用；草菇洗净，切片。
2. 锅内注油烧热，下入草菇爆炒，再倒入芥蓝一起翻炒至熟。
3. 加老抽、盐、鸡精调味，装盘。

小贴士

芥蓝不要烹制过熟，以免影响口感。

蛋白炒瓜皮

10分钟　100克/日　夏季

本品有清热解暑的作用，适合夏季常食，且富含卵磷脂和卵黄素，儿童常食对神经系统和大脑发育有很大的作用。

原料

苦瓜300克、鸡蛋5个、盐2克、食用油适量

做法

1. 苦瓜洗净，取皮切片，焯水；鸡蛋取出蛋清，调入盐拌匀。
2. 净锅上火，下适量油烧热，放蛋清，翻炒至熟盛出，锅内另注油，烧热后下苦瓜皮，翻炒熟，加入蛋白炒匀，盛出装盘即可。

小贴士

炒蛋清的时候，切忌放味精或鸡精。

红冠茄子

25分钟　100克/日　夏、秋季

本品口感好，且具有清热解暑的作用，一般人群皆可食用，其中的茄子还可清热凉血，尤其适合夏季容易长痱子的儿童食用。

原料

茄子300克、红椒50克、蒜末20克、盐3克、味精2克、鸡精2克、食用油适量

做法

1. 将茄子去蒂洗净，切成两段，对半剥开，改成花刀；红椒洗净切成滚刀块备用。
2. 锅上火，倒入油烧热，放入茄子、红椒炸至八分熟后摆入盘中。
3. 调入盐、味精、鸡精，拌入蒜末，入锅蒸熟即可。

小贴士

茄子削皮或切成块后马上放入淡盐水中，临烹制时捞起沥干，即可防止变色。

花酿豆腐

12 分钟　125 克 / 日　秋、冬季

本品有生津润燥、促进消化的作用，适合孩子食用。其主料豆腐中钙含量较丰富，对儿童的牙齿、骨骼发育有积极作用。

原料

豆腐 200 克、鱼胶 100 克、青椒 1 个、红椒 1 个、XO 酱 6 克、盐 3 克、味精 2 克、胡椒粉 3 克、欧芹叶适量

做法

1. 将豆腐搅碎，与鱼胶、盐和在一起。
2. 青椒、红椒切成粒；将搅拌好的豆腐挤成丸子，在锅中汆熟。
3. 青椒、红椒粒炒香，加水和调味料勾芡，浇在丸子上，再放上欧芹叶即可。

小贴士

青椒、红椒应先去蒂再清洗，有助于洗去农药残留。

桂花荸荠

15 分钟　100 克 / 日　夏季

本品含有淀粉、蛋白质、脂肪、钙、铁及维生素 B_1、维生素 B_2、维生素 C 等多种营养素，有调节人体酸碱平衡的作用，口感独特，是不可多得的美食。

原料

荸荠 350 克、桂花糖 5 克、红椒 1 个、香菜 10 克、水淀粉适量、食用油适量

做法

1. 荸荠去皮洗净，装盘；红椒去蒂洗净，切粒；香菜洗净备用。
2. 起油锅，用桂花糖、水淀粉搅拌均匀调成味汁，均匀地淋在荸荠上，放入红椒粒一起拌匀。
3. 用香菜装饰即可。

小贴士

宜选购个大、洁净、新鲜、皮薄、肉细、味甜、爽脆的荸荠。

韭黄炒蛋

10 分钟　75 克 / 日　春、夏季

本品有一种独特的辛香气味，能增进食欲、促进消化。其中的韭黄富含维生素和粗纤维，有润肠通便的作用，可帮助儿童预防便秘。

原料

韭黄 200 克、鸡蛋 2 个、黄瓜片适量、圣女果适量、胡萝卜丁适量、盐 3 克、食用油适量

做法

1. 把韭黄洗净后，切成小段备用；鸡蛋打入碗中，加入少许盐，快速搅匀备用；圣女果洗净与黄瓜片、胡萝卜丁摆盘备用。
2. 锅烧热后加入油，至六成油温，打入鸡蛋，炒至起黄。
3. 锅中加入韭黄，与鸡蛋拌炒，再加入少许盐即可盛起。

小贴士

鸡蛋中的蛋白质可促进肝细胞的再生，儿童常食对肝脏大有益处。

客家豆腐

20 分钟　125 克 / 日　全年

本品做法简单，色香味俱全，是一款不错的家常小菜。由于豆腐营养价值较高，家长可常变着花样为孩子烹饪。

原料

豆腐 200 克、青菜心 100 克、葱白 10 克、香菇 10 克、虾米 5 克、鸡精 2 克、盐 2 克、生抽 5 毫升、白糖 2 克、湿淀粉适量、上汤适量、食用油适量

做法

1. 将豆腐洗净切好，中间挖空；青菜心洗净切段。
2. 将虾米、部分葱白、香菇剁碎，放入鸡精、盐、生抽、白糖搅匀成馅，将肉馅酿入挖空的豆腐中，入油锅煎熟。
3. 油锅内放入余下葱白炒香，放入豆腐略煎，加入上汤、青菜心和所有调味料，煮沸后用湿淀粉勾芡即可。

小贴士

剁虾米的时候，将菜刀在热水中浸泡片刻再剁便不会粘刀。

玉米烧香菇

12 分钟　125 克 / 日　全年

本品软烂鲜香，营养丰富。其中的香菇含有丰富的维生素 D，能促进钙、磷的消化吸收，有助于孩童骨骼和牙齿的发育。

原料

香菇 200 克、玉米粒 50 克、青椒 1 个、红椒 1 个、盐 3 克、米酒 25 毫升、高汤适量、食用油适量

做法

1. 青椒、红椒洗净切丁；玉米粒洗净备用。
2. 香菇洗净，用温水泡发后去梗。
3. 炒锅上火注油烧热，放入玉米粒、香菇、盐和高汤烧至五成熟，加入青椒、红椒翻炒均匀，烹入米酒即可。

小贴士

香菇最好不要用凉水泡。

蘑菇菜心炒圣女果

12 分钟　125 克 / 日　春、夏季

本品风味清新，营养素相对比较全面，儿童常食可保持营养均衡。其中的蘑菇营养价值较高，多吃还有改善脑功能、提高智力的作用。

原料

菜心 150 克、圣女果 100 克、蘑菇 100 克、盐 3 克、鸡精 3 克、白糖 3 克、食用油适量

做法

1. 蘑菇去蒂洗净；菜心洗净；圣女果洗净对切。
2. 将菜心入沸水稍烫，捞出，沥干水分。
3. 净锅上火加油，下入蘑菇、圣女果翻炒，再下入菜心和所有调味料炒匀即可。

小贴士

炒制的时候宜大火快炒。

南瓜炒百合

13 分钟 125 克 / 日 夏季

本品中的南瓜香甜可口，百合清香，令人垂涎。其中南瓜维生素 A 的含量几乎为瓜菜之首，儿童常食可保护视力。

原料

南瓜 300 克、百合 200 克、青椒 1 个、红椒 1 个、盐 3 克、食用油适量

做法

1. 南瓜去皮，洗净，切成小片；百合洗净，分成小瓣；青椒、红椒去蒂去子，洗净，切成块。
2. 锅倒水烧沸，倒入百合焯水，捞出待用。
3. 锅中倒油烧热，放入南瓜翻炒至快熟，再加入百合、青椒、红椒同炒，加盐稍炒即可出锅。

小贴士

鲜百合除去外衣后放沸水中焯一下，即可去除苦涩味。

木瓜煮鸡蛋

12 分钟 100 克 / 日 夏季

本品具有清心润肺、健胃益脾、镇心安神、补益五脏等作用，营养价值较高，家长可常为孩子烹食。

原料

木瓜 1 个、鸡蛋 2 个、盐 2 克、鸡精 2 克、白糖 6 克、生粉水适量、香芹 10 克、食用油适量

做法

1. 木瓜洗净去皮去子，切块；鸡蛋打入碗里，调入少许盐打散。
2. 另起锅，注入少许油烧热，下鸡蛋液，翻炒至熟，盛出。
3. 另起锅，倒入少许水，煮沸，放少许白糖、鸡精，调入生粉水，勾芡汁，倒入炒好的鸡蛋及木瓜，拌匀，盛出，撒上香芹即可。

小贴士

木瓜不宜放太早，避免维生素流失。

芝麻鸽蛋

12分钟　75克/日　冬季

本品小巧玲珑，入口香甜，糯米粉滑润而不黏，令人“爱不释口”。对孩子来说，无论是其中的芝麻，还是鸽蛋，都是不错的滋养佳品。

原料

鸽蛋10个、熟芝麻25克、白糖20克、糯米粉适量、食用油适量、香菜适量

做法

1. 鸽蛋煮熟，捞出，入冷水浸透，剥去壳，滚上一层糯米粉；香菜洗净备用。
2. 炒锅上火，倒入油，烧到五成热时放入已裹上糯米粉的鸽蛋炸至金黄色捞出，放入白糖中滚匀，再撒上一层熟芝麻装盘，点缀少许香菜即可。

小贴士

鸽蛋煮熟后立刻入冷水，更容易剥壳。

咸蛋豆腐

15分钟　100克/日　全年

本品口感咸中带香，入口嫩滑，并带有咸蛋特有的沙感，风味独特，且富含植物蛋白和钙，适合生长发育期的儿童食用。

原料

豆腐200克、咸蛋黄3个、盐3克、味精2克、鸡精3克、淀粉5克、葱花5克、食用油适量

做法

1. 豆腐洗净，切小块备用。
2. 锅中水烧开，放入豆腐稍焯，捞出沥水，再放入油锅中。
3. 加入咸蛋黄和少许水，加入调味料烧至入味，用淀粉勾芡收汁，撒上葱花即可。

小贴士

还可加入虾仁末，风味更佳。

蒜蓉生菜

10分钟　200克/日　夏季

本品有降低胆固醇、利尿、促进血液循环、抗病毒、杀菌、消炎、预防便秘、降血糖等作用，适合儿童常食。

原料

生菜500克、盐3克、味精2克、鸡精3克、蒜蓉10克、生粉5克、明油3毫升、食用油适量

做法

1. 炒锅洗净，放适量水，放入盐、油，下生菜汆水，再用冷水漂凉。
2. 锅内下适量油，猛火下入蒜蓉炒香后，下入生菜、盐、味精、鸡精、生粉，淋入少许明油，稍许翻炒即可起锅。

小贴士

烹饪时宜大火快炒。

番茄炒茭白

12 分钟　100 克 / 日　春、夏季

本品酸中有甜，爽脆适口，比较开胃。番茄与茭白搭配，各种维生素和矿物质比较齐全，有增强体质的作用，其中的番茄维生素 A 含量丰富，有助于保护儿童视力。

原料

茭白 250 克、番茄 100 克、盐 3 克、味精 2 克、料酒 3 毫升、白糖 3 克、水淀粉 5 毫升、食用油适量、香菜适量

做法

1. 将茭白洗净后，用刀面拍松，切块；番茄洗净切块；香菜洗净切碎。
2. 油烧热，下茭白炸至外层稍收缩、色呈浅黄色时捞出。锅内留油，倒入番茄、茭白、清水、味精、料酒、盐、白糖焖几分钟，用水淀粉勾芡，撒上香菜即可。

小贴士

选购茭白的时候，宜选择肉质肥大、色泽洁白者。

番茄烩土豆

20 分钟　150 克 / 日　夏、秋季

本品酸中带一丝微甜，土豆软面可口，口感极好，有开胃作用，尤适合胃口不佳者食用。儿童常食可保护视力、提高免疫力。

原料

土豆 200 克、洋葱半个、番茄 200 克、番茄酱 75 克、盐 3 克、胡椒粉 3 克、白糖 3 克、食用油适量

做法

1. 土豆去皮洗净，切成厚片，用热油炸至半熟，捞出沥油，待用；洋葱洗净切好，番茄切小块。
2. 油锅烧热，炒香洋葱，加入番茄、番茄酱略炒，加水调成汁。
3. 放盐、胡椒粉、番茄酱、白糖，调好口味，微沸后放入炸好的土豆片，用小火慢慢煨至土豆入味即可。

小贴士

稍微放点醋，口感会更好。

盐菜拌青豆

15 分钟　100 克 / 日　夏季

本品香辣可口，容易下饭。其中的青豆富含不饱和脂肪酸和大豆磷脂，有保持血管弹性、健脑等作用，适合儿童常食。

原料

青豆 250 克、盐菜 100 克、红椒 1 个、盐 3 克、鸡精 2 克、香油 3 毫升、食用油适量

做法

1. 青豆淘洗干净；红椒洗净，去蒂去子，切丁。
2. 油锅烧至八成热，放入红椒爆香，再放入盐菜稍炒。
3. 加入青豆炒至熟，加入盐、鸡精、香油调味即可。

小贴士

青豆一定要炒熟透。

丝瓜滑子菇

10 分钟　100 克 / 日　夏季

本品有清热解毒的作用，适合夏季常食，儿童常食对神经系统和大脑发育有很大的作用。

原料

丝瓜 300 克、滑子菇 100 克、红椒少许、盐 2 克、食用油适量

做法

1. 丝瓜洗净，去皮切条，焯水；滑子菇、红椒洗净，红椒切条。
2. 净锅上火，锅内注油，烧热后下丝瓜条、滑子菇、红椒，翻炒熟，盛出装盘即可。

小贴士

丝瓜炒之前先焯水，可以防止它氧化变黑，焯水后的丝瓜快速过凉水可以使丝瓜保持翠绿。

辣椒大豆

23 分钟　75 克 / 日　夏季

本品可益智抗衰老，养血补脑。儿童常食可增强脑细胞营养，活跃脑细胞，增强脑功能，缓解大脑疲劳。

原料

大豆 400 克、红椒 2 个、青椒 2 个、盐 3 克、鸡精 3 克、蒜 3 瓣、食用油 10 毫升

做法

1. 将红椒、青椒、蒜洗净后切成丁。
2. 锅中水煮开后，放入大豆过水煮熟，捞起沥干水分。
3. 锅中放入食用油烧热，放入蒜丁爆香，加入大豆、红椒、青椒炒熟，调入盐、鸡精炒匀即可。

小贴士

黄豆泡发后烹制才能熟得更快。

蒸白菜

6 分钟　150 克 / 日　全年

本品具有补肝肾、健脾胃、益气血、益智安神、美容养颜等功效，其中维生素 C 和膳食纤维含量丰富，非常适合孩子食用。

原料

白菜 300 克、香菇 10 克、虾米 15 克、火腿 25 克、盐 3 克、姜片 10 克、料酒 10 毫升、胡椒粉 5 克、色拉油适量

做法

1. 香菇、虾米泡软洗净；白菜洗净；火腿切片；香菇去蒂切成薄片。
2. 将香菇与火腿夹在白菜叶间，放入蒸盘，将虾米放在上面，加盐、胡椒粉调匀，淋上料酒与色拉油。
3. 放入蒸锅，加入姜片，蒸至白菜熟软即可。

小贴士

蒸白菜时间不宜太长，3 分钟左右即可，否则白菜变软了会影响口感。

什锦豆腐

10 分钟　100 克 / 日　全年

本品汤鲜豆腐爽滑，口感甚佳，营养丰富，是一道不可多得的菜品。对孩子来说，其中的豆腐可补充优质蛋白质；胡萝卜可补充维生素 A、胡萝卜素；青豆可补充磷脂，营养价值极高。

原料

豆腐 300 克、胡萝卜 100 克、火腿 50 克、青豆 50 克、葱 10 克、淀粉 10 克、盐 3 克、味精 2 克、食用油适量

做法

1. 先将豆腐洗净切块；胡萝卜、葱、火腿洗净切丁备用；青豆洗净。
2. 锅中下少许油烧热，放入胡萝卜丁、火腿炒香后，加入少许水。
3. 再下入豆腐、青豆煮熟，调入盐、味精，下入淀粉，勾芡即可出锅。

小贴士

豆腐烹饪时间越久越美味。

蚝油笋尖

18 分钟　100 克 / 日　春季

本品肉质细嫩、松脆爽口、滋味鲜美，有清洁肠道、化痰益气、滋阴凉血、利尿消食、养肝明目等功效，适合孩子食用。

原料

冬笋 500 克、蚝油 30 毫升、盐 3 克、味精 2 克、老抽 5 毫升、香油 3 毫升、鲜汤适量、食用油适量

做法

1. 冬笋洗净后，改刀切成象牙块。
2. 再将切好的笋尖入开水中焯透后，捞出盛入碗中备用。
3. 锅中放入油、蚝油煸炒至香，加入鲜汤、盐、味精、老抽，用小火烧至水分收干，淋入香油盛在笋尖上即可。

小贴士

冬笋以农历十月到十二月挖出的最好。

阳春白雪

12 分钟 100 克 / 日 秋季

本品比较嫩香，油而不腻，营养丰富。其中的鸡蛋富含优质蛋白质，有助于促进肝细胞的再生，儿童常食对肝脏有很大益处。

原料

菠菜 10 克、鸡蛋 3 个、红椒 5 克、盐 3 克、食用油适量

做法

1. 菠菜洗净，择去黄叶，切成细粒；红椒洗净切粒。
2. 鸡蛋取蛋清，用打蛋器打至起泡，呈芙蓉状，待用。
3. 锅上火，加油烧热，下入芙蓉蛋稍炒盛出；原锅留底油上火，下入红椒粒、菠菜粒，加盐炒熟，撒在蛋上即可。

小贴士

菠菜最后放，可最大程度避免维生素的流失。

青红椒煎蛋

10分钟 100克/日 全年

本品营养丰富，口味甚佳，简单易做，家长可常为孩子烹食。因蛋白质含量高，补充能量比较充分，可当早餐食用。

原料

青椒1个、红椒1个、鸡蛋4个、葱20克、盐3克、鸡精1克、食用油适量、香油3毫升

做法

1. 先将青椒和红椒洗净，从中切开，去蒂、去子，切成碎末；葱切末；鸡蛋打散，搅匀，加入葱末、盐、鸡精、青椒、红椒一起调匀。
2. 将平底锅烧热，放入油，倒入调好的鸡蛋，煎成圆饼，至两面成形。
3. 起锅前，淋入香油即可。

小贴士

煎蛋时，油温不要太高。

鸡蛋盒

15分钟 100克/日 全年

本品营养价值较高。其中的鸡蛋富含优质蛋白质，且煮食后营养成分不易被破坏；金针菇中赖氨酸、精氨酸、亮氨酸含量尤多，有利于儿童智力发育；胡萝卜富含胡萝卜素，对儿童眼睛有益。

原料

鸡蛋2个、火腿50克、金针菇50克、胡萝卜50克、西蓝花10克、盐3克、味精1克、香油3毫升、食用油适量

做法

1. 鸡蛋煮熟去壳，用刀对半切开，去蛋黄；火腿、金针菇、胡萝卜洗净均切成碎末。
2. 锅内油烧热，下火腿丁、金针菇、胡萝卜丁翻炒至熟，调入盐、味精后盛起，将炒熟的食材放入去掉蛋黄的鸡蛋中，淋上香油，摆上焯熟的西蓝花即可。

小贴士

选鸡蛋的时候可以拿在手里晃一下，会发出晃荡的声音就是不新鲜的鸡蛋。

三色蒸水蛋

15 分钟　100 克 / 日　夏季

本品采用鸡蛋、皮蛋和咸蛋三种食材蒸制而成，含有蛋白质、卵磷脂、维生素和钙、磷、铁等成分，有滋阴润燥、滋补身体的作用。

原料

皮蛋 2 个、鸡蛋 3 个、咸蛋 1 个、葱花 10 克、盐 2 克、味精 2 克、酱油 3 毫升、香油 5 毫升

做法

1. 皮蛋蒸熟去壳切成 4 瓣；咸蛋蒸熟剥去壳，取蛋黄切细丁，备用。
2. 鸡蛋打入碗内，加入 100 毫升 80℃的热水，调入盐、味精少许，搅拌均匀，备用。
3. 蒸锅上火，取一个碗，倒入调好的蛋液，加入切好的皮蛋及咸蛋黄丁，蒸约 8 分钟，取出，撒上葱花，淋上酱油、香油即可。

小贴士

皮蛋含有一定的汞，儿童不宜多食。

酥黄菜

18 分钟　75 克 / 日　全年

本品甜香软嫩，非常美味，容易吸引孩子。其主料鸡蛋有"理想的营养库""完全蛋白质模式"之誉，营养价值极高，适合生长发育期的孩子食用。

原料

鸡蛋 5 个、淀粉 40 克、白糖适量、食用油适量

做法

1. 将鸡蛋打入碗内加入淀粉搅匀成蛋糊。
2. 锅上火倒入油，烧热，将蛋糊倒入锅内，转动炒锅摊成大圆饼，在蛋液未全部凝固时，将蛋饼折成半圆形。
3. 在蛋饼熟透后，取出，切成菱形块，用温油炸至完全蓬松后捞出；锅中放底油，下入白糖，用小火熬成糖浆后，放入炸好的蛋块，与糖浆拌均匀，即可。

小贴士

煎蛋饼时，油温不宜太高，以免煎煳。

芹菜炒土豆

15 分钟　100 克 / 日　秋季

本品含有蛋白质、脂肪、碳水化合物、纤维素、维生素、矿物质等营养成分，营养较全面，有清热、平肝、和胃等作用，适合孩子食用。

原料

土豆 3 个、芹菜 75 克、盐 3 克、黄油适量

做法

1. 把土豆洗净削皮，切成片，煮熟后捞出，沥干水分；芹菜洗净切成碎小段备用。
2. 在煎锅中放黄油，上火烧热，下土豆片翻炒。
3. 待土豆上匀色时，撒入芹菜段一起炒匀，加盐调好口味，即可装盘食用。

小贴士

芹菜叶含有更多的营养，不可丢弃。

冬瓜双豆

13 分钟　125 克 / 日　夏季

本品有助于清肝明目、养心补脑。其中的大豆和青豆都富含磷脂，磷脂对人的神经、肝脏、骨骼及皮肤的健康均有重要作用。

原料

冬瓜 200 克、泡发的大豆 50 克、青豆 50 克、胡萝卜 30 克、盐 3 克、酱油 5 毫升、味精 2 克、鸡精 2 克、食用油适量

做法

1. 冬瓜去皮，洗净，切粒；胡萝卜洗净切粒。
2. 将所有主料入水中稍焯，捞出沥水。
3. 起锅上油，加入冬瓜、青豆、大豆、胡萝卜，炒熟后加盐、味精、酱油和鸡精，炒匀即可起锅。

小贴士

挑选冬瓜的时候，宜选表皮附有白霜、瓜皮呈深绿色者。

茄汁鹌鹑蛋

20 分钟　75 克 / 日　夏、秋季

本品口味酸甜，入口嫩香，营养价值较高。其中鹌鹑蛋中含有丰富的蛋白质、维生素 B_2、卵磷脂，有增强体质和健脑的作用。

原料

鹌鹑蛋 400 克、番茄汁 20 毫升、盐 3 克、生粉 5 克、白糖 3 克、食用油适量

做法

1. 鹌鹑蛋入沸水中煮熟，捞出入冷水中浸冷，剥壳。
2. 将剥壳的鹌鹑蛋裹上生粉，入油锅中炸至金黄色，捞出沥油。
3. 锅上火，加油烧热，下入番茄汁，加盐、白糖，翻炒至糖溶，加入炸好的鹌鹑蛋，炒至番茄汁裹在鹌鹑蛋上即可。

小贴士

炸鹌鹑蛋时，油锅不宜太热。

粉丝白菜

20 分钟　100 克 / 日　春、夏季

本品简单易做，口感好。由于大白菜所含的钙和维生素 C 比梨和苹果的含量还高，所以家长可以让孩子常食。

原料

粉丝 200 克、大白菜 100 克、枸杞子 10 克、蒜蓉 20 克、葱 20 克、盐 3 克、味精 2 克、食用油 10 毫升

做法

1. 粉丝洗净泡发；枸杞子洗净；大白菜洗净切成大片；葱洗净切碎。
2. 将大片的大白菜垫在盘中，再将泡好的粉丝、蒜蓉及盐、味精置于大白菜上。
3. 将备好的材料入锅蒸 10 分钟，取出，淋上食用油，撒入葱花即成。

小贴士

在烹制的时候放一些醋，口感更好。

油爆滑子菇

🕒16 分钟 🍴100 克 / 日 ☺春、夏季

本品味道鲜美，入口滑溜溜的，平添了一份就餐的情趣，可提升孩子的食欲。其主料滑子菇对保持人体的精力和脑力大有益处，适合孩子食用。

原料

滑子菇 200 克、豌豆 15 克、盐 3 克、老抽 12 毫升、料酒 10 毫升、蚝油 15 毫升、食用油适量

做法

1. 滑子菇洗净，用沸水焯过后晾干备用；豌豆洗净。
2. 炒锅置于火上，注油烧热，下入料酒，加入滑子菇、豌豆、盐、老抽、蚝油一起翻炒，至汤汁收浓时，起锅装盘即可。

小贴士

豌豆也可稍焯，可保持色泽。

三丁豆腐

🕒12 分钟 🍴75 克 / 日 ☺秋季

本品味道鲜美，具有滋阴润燥、补中益气、补脾健胃等作用。因兼豆腐、火腿、香菇、胡萝卜等多种食材，营养成分较为齐全，适合孩子食用。

原料

豆腐 300 克、火腿 50 克、香菇 2 朵、胡萝卜 50 克、红椒 2 个、葱 20 克、豆瓣酱 8 克、盐 3 克、生抽 5 毫升、生粉适量、食用油适量

做法

1. 将豆腐洗净后切丁；火腿、香菇、胡萝卜、红椒均洗净，切成大小均匀的小丁；葱洗净切碎。
2. 锅中油烧至六成油温，下入豆腐丁、胡萝卜丁炸熟后捞起。
3. 锅中留少许底油烧热后，下入所有原材料，调入调味料炒匀，撒上葱花即可。

小贴士

炸豆腐丁、胡萝卜丁时宜用小火。

枸杞春笋

18 分钟　75 克 / 日　春季

本品富含优质蛋白质，并且人体必需的 8 种氨基酸在春笋中一应俱全，另外春笋中还含有清洁肠道的粗纤维，有预防便秘的作用。

原料

春笋 300 克、枸杞子 25 克、盐 3 克、白糖 10 克、味精 2 克、葱花 15 克、食用油适量

做法

1. 将春笋去壳去衣，去除老根后切成长的细条。
2. 枸杞子用温水浸透泡软；笋条投入开水锅中焯水后捞出，沥干水分。
3. 炒锅置大火上，放入油烧热，投入枸杞子煸炒一下，再放入笋条、盐、白糖和少量的水烧 1~2 分钟，最后加入味精，撒上葱花即成。

小贴士

选购时以笋壳嫩黄色、笋肉白、节与节之间较为紧密的春笋为佳。

丝瓜炒鸡蛋

12 分钟　100 克 / 日　夏季

本品蛋白质含量丰富，其中的鸡蛋、蘑菇都是十分好的蛋白质来源，适合生长发育期的孩子食用；加之丝瓜和番茄富含维生素，因此营养价值极高。

原料

鸡蛋 2 个、丝瓜 50 克、蘑菇 30 克、番茄 1 个、盐 3 克、食用油适量

做法

1. 将丝瓜去皮后洗净，切成小丁；番茄、蘑菇洗净后也切成丁。
2. 锅内油烧热，下丝瓜丁、番茄丁、蘑菇丁炒至水分干后盛出备用。
3. 鸡蛋打入碗中，加适量盐调味。
4. 锅内油烧热，下鸡蛋液翻炒，再将炒好丝瓜丁、番茄丁、蘑菇丁倒入鸡蛋中一同翻炒至熟即可。

小贴士

丝瓜要用盐略腌后再炒，味道更好。

香菇烧山药

30 分钟　100 克 / 日　春季

本品有健脾益气、滋肺养胃、长肌肉、润皮毛、滋养强壮等功效。其主料山药、香菇、板栗、小油菜等搭配食用，营养成分较为齐全，适合孩子食用。

原料

山药 150 克、香菇 50 克、板栗 50 克、小油菜 50 克、盐 3 克、水淀粉 5 克、味精 2 克、食用油适量

做法

1. 山药去皮洗净切块；香菇洗净；板栗去壳洗净；小油菜洗净。
2. 板栗用水煮熟备用；小油菜过水烫熟，放在盘中摆放好备用。
3. 热锅下油，放入山药、香菇、板栗爆炒，调入盐、味精，用水淀粉收汁，装盘即可。

小贴士

山药切好后放水中浸泡一会儿，烹饪时不易粘锅。

鸡蛋蒸海带

12 分钟 100 克 / 日 夏季

本品有增强免疫力、改善微循环的作用。其中海带含有大量的碘、钙等矿物质，对儿童生长发育大有裨益。

原料

海带丝 300 克、鸡蛋 2 个、葱 1 棵、味精 2 克

做法

1. 将海带丝洗净后，再切成小段，入沸水中稍焯后捞出，沥干备用；葱洗净切碎。
2. 鸡蛋入碗中打散，加入少量水、味精、海带、葱花一起拌匀，放入蒸笼中蒸熟。
3. 待熟后，取出晾凉，改刀装盘即可。

小贴士

海带先焯后泡会更脆爽。

笋菇菜心

14 分钟　100 克 / 日　春季

本品味美鲜香，风味可口。其主料香菇还含有丰富的维生素 D，能促进钙、磷的消化吸收，有助于儿童骨骼和牙齿的发育。

原料

冬笋 500 克、水发香菇 50 克、青菜心 20 克、盐 3 克、味精 1 克、水淀粉适量、食用油适量、素鲜汤适量

做法

1. 将冬笋去根去皮后洗净，斜切成片，入沸水烫熟；香菇去蒂，洗净后斜切成片；青菜心择洗干净。
2. 锅中加水烧沸，下入青菜心稍焯后，捞出。
3. 炒锅置大火上，放油烧热，加素鲜汤烧沸，再放入冬笋片、香菇片，烧数分钟后放入青菜心，加盐、味精略烧片刻，用水淀粉勾芡，起锅装入盘中。

小贴士

鲜竹笋如果一次不能吃完，可保留外壳放置冰箱中保存。

云南小瓜炒茶树菇

10 分钟　125 克 / 日　夏季

本品矿物质、维生素含量较为丰富，有增强免疫力的作用。其中的茶树菇还含有人体所需的 18 种氨基酸，营养价值较高。

原料

云南小瓜 250 克、茶树菇 50 克、红椒 10 克、盐 3 克、味精 2 克、香油 10 毫升、酱油 10 毫升、食用油适量

做法

1. 云南小瓜洗净，切条；茶树菇浸泡后洗净，切段；红椒洗净，切片。
2. 锅置火上，放油烧至六成热，放红椒炒香，下入云南小瓜、茶树菇煸炒，放盐、味精、香油、酱油调味，炒熟盛盘即可。

小贴士

云南小瓜一定要炒熟、炒软。

紫苏煎蛋

10分钟　125克/日　春、夏季

本品中的鸡蛋能补充优质蛋白质，紫苏能补充纤维素和胡萝卜素。二者搭配后营养成分比较齐全，适合儿童食用。

原料

鸡蛋3个、紫苏50克、盐2克、鸡精1克、欧芹少许、食用油适量

做法

1. 紫苏洗净取叶剁末。
2. 鸡蛋打入碗内，放入紫苏末，调入盐、鸡精，搅拌均匀。
3. 煎锅上火，油烧热，倒入已拌匀的鸡蛋液，煎至底部硬挺时，翻面再煎，至熟，盛出，装盘放上欧芹即可。

小贴士

放一点熟芝麻，味道会更佳。

特色千叶豆腐

6分钟　125克/日　夏季

本品是一种低碳水化合物、高蛋白的美食，细嫩，爽脆，口感独特，非常下饭，且营养价值较高，家长可常为孩子烹食。

原料

豆腐2盒、白果50克、红椒角5克、菜心粒10克、叉烧粒10克、香菇粒10克、白糖5克、生抽5毫升、蒜蓉5克、盐3克、食用油适量

做法

1. 将豆腐洗净切成薄片，摆成圆形，入锅用淡盐水蒸熟；白果洗净。
2. 锅中油烧热，爆香蒜蓉，加入白果、叉烧粒、红椒角、菜心粒、香菇粒，调入白糖、盐、生抽炒匀即可装盘，置于豆腐之中。

小贴士

白果一定要炒熟才能食用。

豆蓉南瓜

30分钟　125克/日　秋季

本品有润肺益气、驱虫解毒等作用。其主料南瓜富含维生素A、B族维生素、维生素C，有助于增强人体免疫力。

原料

蚕豆仁100克、南瓜半个、盐3克、鸡粉2克、淀粉10克、食用油适量

做法

1. 先将蚕豆仁洗净打成泥；南瓜洗净切块。
2. 锅内放少许油，将蚕豆泥倒入锅中，放调味料，搅拌均匀再盛入盘中。
3. 将南瓜放入锅内，加入调味料，烧至入味，盛在蚕豆泥上即可。

小贴士

选用日本南瓜代替普通南瓜，口味更佳。

冬笋烩豌豆

10分钟　100克／日　冬、春季

本品营养成分较为齐全。番茄、蘑菇富含维生素；豌豆富含优质蛋白质；冬笋富含植物纤维。几种食材搭配，有助于促进儿童身体健康。

原料

蘑菇50克、豌豆50克、冬笋100克、番茄50克、盐3克、味精2克、香油3毫升、水淀粉适量、食用油适量

做法

1. 豌豆洗净，沥干水；蘑菇、冬笋洗净，切小丁。
2. 番茄面上划十字花刀，放入沸水中烫一下，捞出撕去皮，切小丁。
3. 锅置大火上，加油烧至五成热时，放入豌豆、冬笋丁、蘑菇丁、番茄丁炒匀，放盐、味精调味，以水淀粉勾薄芡，淋上香油即可。

小贴士

冬笋用盐腌制一下，可以去除其涩味。

蟹粉豆腐

10分钟　100克/日　冬、春季

本品汤汁淡黄，豆腐细腻洁白，软嫩滑口，味鲜、软嫩。其主料内酯豆腐较完整地保留了大豆的营养，营养价值较高。

原料

内酯豆腐1盒、蟹粉50克、姜10克、素红油5毫升、盐3克、味精2克、胡椒粉3克、淀粉10克、料酒5毫升、香菜2克、食用油适量

做法

1. 豆腐切成小正方块；蟹粉分开放；姜去皮切末。
2. 将豆腐放入锅中过水后倒出；锅内放少许油烧热，将姜末炒香，倒入蟹粉炒香，放入少许料酒，加水烧开。
3. 加盐、味精、胡椒粉，再倒入豆腐，开小火烩约2分钟后，用淀粉勾芡，淋上素红油出锅，豆腐上放3~4片香菜叶即可。

小贴士

加点蟹黄同炒可使菜品颜色更佳。

芹菜拌花生仁

12分钟　100克/日　夏季

本品清脆色美，味道爽口。其主料芹菜中B族维生素含量较高，钙、磷、铁等矿物质元素的含量也高于一般绿叶蔬菜；花生仁中不饱和脂肪酸含量很高，二者搭配，营养价值较高。

原料

芹菜250克、花生仁200克、番茄酱15克、盐3克、味精1克、食用油适量、欧芹2克

做法

1. 将芹菜洗净，切碎，入沸水锅中焯水，沥干，装盘；花生仁洗净，沥干。
2. 炒锅注入适量油烧热，下入花生仁炸至表皮泛红色后捞出，沥油，倒在芹菜中。
3. 最后加入盐和味精搅拌均匀，加入番茄酱、香芹即可。

小贴士

芹菜入水一定要焯熟，熟后立即捞出过凉水。

纸包豆腐

10 分钟 100 克 / 日 春、夏季

本品外酥里嫩，鲜香可口。其主料日本豆腐含有人体所需且容易吸收和消化的蛋白质和不饱和脂肪酸，适合孩子常食。

原料

日本豆腐 300 克、威化纸 50 克、盐 2 克、欧芹 15 克、食用油适量

做法

1. 将日本豆腐切成两指宽的长条；欧芹洗净备用。
2. 将日本豆腐放在威化纸上，上面放少许欧芹点缀，包裹成型。
3. 油锅烧热，将包好的日本豆腐下锅略炸，捞起沥油，摆盘，趁热撒上盐即可。

小贴士

威化纸要保持干爽，粘水后容易霉烂。

豉油杭椒

20 分钟 50 克 / 日 夏、秋季

本品富含蛋白质、胡萝卜素、辣椒红素、挥发油以及钙、磷、铁等矿物质，既可补充孩子营养，又可开胃消食，适合孩子食用。

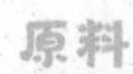

原料

杭椒 500 克、八角 10 克、桂皮 10 克、香叶 5 克、味精 2 克、白糖 20 克、酱油 20 毫升、豆豉酱 50 克

做法

1. 杭椒洗净，去蒂去子，沥干水分备用。
2. 坐锅点火，加入适量清水，放入八角、香叶、桂皮，再放入酱油、豆豉酱、味精、白糖煮开，调成卤汁。
3. 将杭椒放入卤汁中煮开，关火后浸卤 8 分钟，即可捞出食用。

小贴士

容易上火或便秘的孩子，一次不要食用太多。

第五章

小学生的爽口凉菜

凉菜具有独特的风格，口味偏重干香、脆嫩、爽口不腻，色泽艳丽，有健脾开胃、促进食欲的作用，家长宜适当为孩子烹饪凉拌菜，尤其是炎热的夏季。另外，儿童体质偏热，食用凉菜还有一定的调理体质作用。

贝壳沙拉

25 分钟 100 克 / 日 夏季

本品口感佳，营养丰富，各种维生素含量较多，尤其是维生素 C，有增强免疫力的作用，很适合孩子食用。

原料

贝壳面 250 克、番茄 1 个、苹果 10 克、哈密瓜 10 克、优酪乳 20 克

做法

1. 番茄去蒂，洗净切丁；苹果洗净，切丁；哈密瓜去皮，洗净切丁。
2. 锅入水烧开，放番茄丁、贝壳面煮熟，捞出沥水，放入盘中。
3. 将苹果丁、哈密瓜丁倒入盘中，加优酪乳拌匀即可。

小贴士

番茄可先放在开水中烫一下，去掉皮。

千层包菜

10 分钟 100 克 / 日 春、夏季

本品富含维生素 C、叶酸、钾，有促进孩子生长发育的作用，且本品热量低，口感好，家长不必担心孩子发胖，可常烹饪给孩子食用。

原料

包菜 500 克、红椒 30 克、盐 3 克、味精 2 克、酱油 3 毫升、香油 2 毫升、熟芝麻 3 克

做法

1. 包菜、红椒洗净，切块，放入开水中稍烫，捞出，沥干水分备用。
2. 用盐、味精、酱油、香油调成味汁，将每一片包菜泡在味汁中，取出。
3. 将包菜一层一层叠好放盘中，红椒放在包菜上，最后撒上熟芝麻即可。

小贴士

可根据孩子喜好，适当加些芹菜末。

泡笋尖

3天　50克/日　春、夏季

本品鲜美可口，有助于增强食欲。其中的笋尖还含有多种氨基酸及钙、磷、铁、胡萝卜素、B族维生素等，营养价值颇高。

原料

笋尖200克、指天椒10克、野山椒10克、蒜10克、盐3克、红油10毫升、香菜5克、香油10毫升

做法

1. 蒜去皮洗净；笋尖洗净；将指天椒、野山椒、蒜、盐、放入冷开水一起拌匀，制成泡菜水，放入笋尖密封泡3天。
2. 取出泡好的笋尖，用手撕成条状，放入碗中。
3. 调入红油，淋上香油，撒上香菜，拌匀即可食用。

小贴士

以春笋、冬笋入菜，味道更好。

炝拌莲藕

12分钟　100克/日　夏季

本品脆辣爽口，有促进孩子食欲的作用，主料莲藕还可补五脏之虚，健脾开胃，排出毒素，尤其适合夏天食用。

原料

莲藕400克、青椒1个、红椒1个、盐3克、白糖10克、干辣椒10克、香油3毫升

做法

1. 莲藕洗净，去皮，切薄片；青椒、红椒洗净，斜切成圈备用。
2. 将准备好的主料放入开水中稍烫，捞出，沥干水分，放入容器中。
3. 加盐、白糖、干辣椒在莲藕上，香油烧热，淋在莲藕上，搅拌均匀，装盘即可。

小贴士

也可直接将莲藕炝炒，别有一番滋味。

凉拌木耳

8分钟　100克/日　夏季

本品味道鲜美，口感爽脆，能益气强身，还有补血活血的功效，有助于预防缺铁性贫血，尤适合生长发育期的孩子食用。

原料

木耳250克、青椒1个、红椒1个、盐2克、香油10毫升、醋8毫升、欧芹10克

做法

1. 木耳泡发洗净，撕成小朵备用；青椒、红椒洗净，切丁；欧芹洗净。
2. 锅内加清水煮沸，放入木耳焯熟，捞出沥水，装盘。
3. 加入青椒、红椒丁及盐、醋拌匀，淋上香油，将欧芹点缀其上即可。

小贴士

烹饪时，宜将木耳用盐水冲洗一下。

凉粉豆腐

10分钟　100克/日　夏季

本品植物蛋白和磷脂含量丰富，是为肝脏、肾脏增加营养所必需，起到保肝护眼、保护肾脏的作用。

原料

豆腐200克、凉粉200克、红油10毫升、盐3克、鸡精3克、生抽5毫升、葱20克、蒜3瓣、姜1块、香菜3克

做法

1. 将豆腐洗净后切成小竖条状，凉粉切成条状，葱、蒜、姜洗净切末备用。
2. 锅中水煮沸后，放入豆腐条过水氽烫，捞起装入盘中，凉粉亦装入盘。
3. 取一小碗装入姜、葱、蒜末，加入红油、生抽、盐、鸡精调成味汁，淋于盘中撒上香菜即可。

小贴士

切凉粉的时候可在刀上洒水，这样就不会粘刀。

时蔬大拼盘

10 分钟　150 克 / 日　夏、秋季

本品含有多种蔬菜，不但可以提供多种人体所必需的维生素和矿物质，还含有较多的膳食纤维，有预防便秘和痔疮的作用。

原料

胡萝卜 100 克、白萝卜 100 克、山药 100 克、香芋 100 克、西芹 100 克、黄瓜 100 克、心里美萝卜 100 克、圣女果 50 克、香菜 20 克、花生酱 20 克、香油 10 毫升、盐 3 克、味精 2 克、熟芝麻 3 克

做法

1. 圣女果、香菜洗净，香菜切段；其他各原材料洗净，去皮，切成长条块。
2. 除圣女果和香菜，把洗切好的原材料分别放开水中焯熟，沥干水，一起装盘摆放好，圣女果和香菜放盘中点缀摆好。
3. 把调味料拌匀撒上熟芝麻，放拼盘中间做蘸料用。

小贴士

烹饪速度尽可能快，以免维生素流失。

香菜拌心里美

12 分钟　150 克 / 日　秋季

本品 B 族维生素和维生素 C 含量丰富，有助于增强体质，防病抗病，夏季常食还可开胃醒脾，清热消食，预防中暑。

原料

心里美萝卜 500 克、香菜 50 克、黄瓜 50 克、盐 3 克、鸡精 2 克、白糖 15 克、醋 10 毫升、香油 5 毫升

做法

1. 心里美萝卜洗净，去皮，切丝；香菜洗净，切段；黄瓜洗净，切薄片放盘沿做装饰。
2. 将心里美萝卜加盐腌出水，挤掉水分，用清水冲洗几遍，加醋、白糖、鸡精、香油搅拌均匀，再放入香菜搅拌均匀，装盘。

小贴士

还可根据孩子喜好放入其他蔬菜，一起凉拌。

胡萝卜拌水芹

20 分钟　100 克 / 日　春、夏季

本品爽脆适口，有开胃消食的作用。其主料胡萝卜能提供丰富的维生素 A，有促进机体正常生长、防止呼吸道感染与保持视力正常等作用。

原料

水芹 300 克、胡萝卜 150 克、盐 3 克、味精 2 克、香油 10 毫升

做法

1. 水芹洗净，摘去叶，切段；胡萝卜洗净，切丁。
2. 锅置火上，加入水烧沸，下入胡萝丁、水芹段稍烫后捞出。
3. 再将水芹、胡萝卜和所有调味料一起拌匀即可。

小贴士

若选用野生水芹，烹饪时要高温蒸煮消毒。

海带拌土豆丝

15 分钟 75 克 / 日 夏季

本品酸辣开胃，有促进食欲的作用，适合夏季常食。土豆含 B 族维生素较多，可预防细胞功能的降低，适合孩子食用。

原料

土豆 500 克、海带 150 克、红椒 1 个、蒜 10 克、酱油 3 毫升、醋 3 毫升、盐 3 克、辣椒油 5 毫升

做法

1. 土豆洗净去皮，切成丝，入沸水焯烫，捞出放盘中。
2. 海带泡开，洗净，切成细丝，用沸水稍焯，捞出沥水；红椒去蒂、去子切丝。
3. 蒜切末，同酱油、醋、盐、辣椒油调在一起，浇入土豆丝、海带丝、红椒丝中，拌匀即可食用。

小贴士

土豆要多淘洗几次。

蜜制圣女果

8 分钟　150 克 / 日　夏、秋季

本品酸酸甜甜，色彩鲜艳，令人食欲大增。其主料圣女果有健脾、止渴的作用，还有助于预防儿童牙龈出血。

原料

圣女果 500 克、欧芹 2 克、蜂蜜 15 毫升、白糖 10 克

做法

1. 圣女果洗净，去皮，入开水锅中焯水后捞出，沥干水分。
2. 将圣女果放入蜂蜜中拌匀后取出摆盘。
3. 撒上白糖、香芹即可。

小贴士

宜选购质地较硬的圣女果，变软说明不新鲜了。

猕猴桃沙拉

5 分钟　120 克 / 日　夏、秋季

本品含有丰富的维生素 C 和植物纤维，可生津解热、调中下气、止渴利尿、滋补强身，儿童常食可避免肥胖症的发生。

原料

猕猴桃 1 个、彩椒 1 个、圣女果 20 克、生菜 15 克、色拉酱 10 克

做法

1. 将猕猴桃去皮后，切成薄片；彩椒洗净切成细条。
2. 将生菜洗净，置于盘底，摆上切好的彩椒，在上面放上猕猴桃。
3. 将圣女果洗净对切开，置于盘边做装饰，吃时蘸上色拉酱。

小贴士

猕猴桃头尾切掉，顺着皮将勺子插进去转一圈，果肉就出来了。

杧果沙拉

7分钟　75克/日　夏、秋季

本品维生素C含量较为丰富，有增强体质的作用。其中的杧果含胡萝卜素较多，有益于视力；番茄可促进钙、铁元素的吸收，适合孩子食用。

原料

杧果2个、番茄1个、色拉酱5克、欧芹5克

做法

1. 杧果洗净对切，去核，取果肉切丁，留皮（皮要留厚点，以方便造型）备用；番茄洗净，切丁。
2. 将杧果丁、番茄丁放入杧果皮中，将杧果船按三菱形摆盘，撒上香芹即可。

小贴士

宜选购饱满、圆润、颜色黄得纯正的杧果。

皮蛋拌豆腐

9分钟　100克/日　春季

本品滑嫩适口，鲜香美味，且易于消化吸收，有清热泻火、益气、解毒等作用，适合孩子食用。

原料

老豆腐300克、皮蛋4个、香葱末10克、蒜末10克、花椒油8毫升、芝麻8克、盐3克、味精1克、红椒末5克

做法

1. 将豆腐洗净，切成小四方块，略焯装盘。
2. 皮蛋去壳洗净，切成块状，装入盛豆腐的盘中。
3. 把所有调味料拌匀，淋在豆腐上即可。

小贴士

豆腐焯一下可以去除豆腥味。

蔬菜沙拉

10分钟　75克/日　春、夏季

本品是一种营养健康的凉拌菜，相对完整地保留了蔬菜中的各种营养不被破坏或流失，几种食材在营养上还发挥了互补作用，营养价值较高。

原料

黄瓜300克、圣女果50克、土豆15克、香橙25克、色拉酱15克

做法

1. 黄瓜洗净，切片；土豆去皮洗净，切瓣状，用沸水焯熟备用；圣女果洗净，对切；香橙洗净，切片。
2. 先将一部分黄瓜堆在盘中，淋上色拉酱，再将其余的黄瓜片围在色拉酱外面。
3. 用圣女果、土豆片、香橙片点缀造型即可。

小贴士

可根据孩子的口味自行添加其他调料。

猪腰拌生菜

25分钟　100克/日　春、夏季

本品爽脆适口，简单易做，一般家庭即可常为孩子烹食。其主料猪腰含有蛋白质、铁、磷、钙及维生素，搭配韭黄，营养成分相对较为齐全。

原料

猪腰200克、生菜100克、盐3克、味精2克、酱油3毫升、醋3毫升、香油5毫升、蒜末5克、韭黄5克

做法

1. 将猪腰片开，取出腰筋，在里面剞顺刀口，横过斜刀片成梳子薄片。
2. 将腰片煮熟后放入凉水中冷却，沥干水分待用；生菜摘洗净，切成3厘米长段备用；韭黄洗净切成末备用。
3. 将猪腰和生菜装入碗内，将调味料和蒜末、韭黄末兑成汁，浇入碗内拌匀即成。

小贴士

猪腰切片后放葱姜汁里泡2小时再用清水洗净，可去除异味。

拌山野蕨菜

⏲2天 🍴100克/日 ☺夏、秋季

本品富含氨基酸、多种维生素、微量元素，还含有蕨素、蕨苷、甾醇等蕨菜特有的营养成分，钾和维生素C的含量极高，适合孩子食用。

原料

山野蕨菜200克、盐2克、醋5毫升、蒜末5克、生抽2毫升、味精2克、香油3毫升、白糖5克

做法

1. 将山野蕨菜浸泡2小时后洗净，用开水焯一下。
2. 待凉后，加入盐、味精、白糖、醋一起腌2小时。
3. 再加入其他调味料拌匀即可。

小贴士

山野蕨菜食用前应先在沸水中浸烫一下后过凉，以清除其表面的黏质和土腥味。

水果沙拉

⏲9分钟 🍴100克/日 ☺春季

本品口感新鲜，营养丰富，含有较多的维生素A、维生素C以及人体必需的各种矿物质、纤维质，有增强免疫力、促进儿童健康的作用。

原料

菠萝300克、椰果100克、红樱桃1个、盐1克、色拉酱15克

做法

1. 菠萝去皮洗净，放入加了盐的凉开水中浸泡片刻，捞出沥水，切丁；红樱桃洗净。
2. 将菠萝丁、椰果放入盘中拌匀，用色拉酱在水果丁上画大格子。
3. 用红樱桃点缀即可。

小贴士

菠萝去皮后放在盐水中浸泡，再冲洗干净，可使菠萝的口感更香甜。

双丝猴腿

6分钟　100克/日　秋季

本品开胃不腻，口感甚佳，色、香、味俱全，且含有多种维生素、碳水化合物、矿物质、蛋白质，营养价值较高。

原料

猴腿250克、胡萝卜50克、心里美萝卜50克、盐2克、味精1克、醋5毫升、老抽10毫升

做法

1. 猴腿摘叶后洗净，切段；胡萝卜、心里美萝卜洗净，切成细丝。
2. 锅内注水烧沸，分别下猴腿、胡萝卜、心里美萝卜焯至断生，捞起沥水，装盘晾凉。
3. 将盐、味精、醋、老抽拌匀调成蘸酱，蘸食即可。

小贴士

也可将猴腿加盐渍或晒成干菜烹饪。

甜酸白萝卜条

45分钟　75克/日　秋、冬季

本品酸甜可口，有助于促进孩子食欲，利于营养物质的吸收。此外，本品还有清热生津、消食化滞、开胃健脾等作用。

原料

白萝卜300克、干红辣椒25克、白醋10毫升、白糖10克、盐3克、味精2克

做法

1. 白萝卜去皮，洗净，切成厚长条，加适量盐腌渍半小时。
2. 干红辣椒洗净，切丝。
3. 用凉开水将腌好的萝卜条冲洗干净，沥干水，盛盘；将所有调味料一起放入萝卜条里拌匀，撒上干红辣椒丝，静置10分钟即可食用。

小贴士

加醋有利于白萝卜中营养物质的吸收。

香菇拌豆角

30 分钟　100 克 / 日　夏季

本品香气沁人，味道鲜美，且含有各种维生素和矿物质，B 族维生素含量尤其丰富，特别适合夏季食欲不佳的儿童。

原料

嫩豆角 300 克、香菇 60 克、玉米笋 100 克、辣酱油 10 毫升、白糖 3 克、盐 3 克、味精 2 克

做法

1. 香菇洗净泡发，切丝，煮熟，捞出晾凉。
2. 将豆角洗净切段，烫熟，捞出待用。
3. 将玉米笋切成细丝，汆水后放入盛豆角段的盘中，再将煮熟的香菇丝放入，加入盐、白糖、味精拌匀，腌 2 分钟，淋上辣酱油即可。

小贴士

豆角要多洗以去除残留农药。

蒜蓉卤肘子

100 分钟　75 克 / 日　夏、秋季

本品软香养胃，含有优质蛋白质和人体所必需的脂肪酸，还含有促进铁吸收的半胱氨酸，有助于预防孩子贫血。

原料

猪肘 200 克、红椒 1 个、大蒜 10 克、卤汁适量、醋 5 毫升、香油 5 毫升、酱油 5 毫升、盐 3 克、香菜 2 克

做法

1. 猪肘去毛后刮洗干净；蒜去皮洗净剁蓉；红椒洗净切成圈。
2. 卤汁入锅烧开，放入猪肘煮 90 分钟，捞出沥干水分。
3. 将猪肘切成片；将醋、酱油、香油、盐和蒜蓉调匀成味汁，淋在猪肘上拌匀再撒上香菜、红椒圈即可。

小贴士

猪肘可以焯一下，注意冷水下锅。

猪肝拌黄瓜

30分钟　125克/日　夏季

本品具有补肝明目、养血补血的作用，是理想的补血佳肴，对于面色萎黄、缺铁性贫血的儿童尤其适用。

原料

猪肝300克、黄瓜200克、盐3克、酱油5毫升、醋3毫升、味精2克、香油3毫升

做法

1. 黄瓜洗净，切小条。
2. 猪肝切小片，放入开水中焯熟，捞出后冷却，沥干水。
3. 将黄瓜摆在盘内，放入猪肝、盐、酱油、醋、味精、香油，拌匀即可。

小贴士

黄瓜去皮后更鲜嫩也更卫生。

四宝西蓝花

10分钟　200克/日　春、夏季

本品色彩缤纷，口味多样，有提升孩子食欲的作用。其中的西蓝花含有丰富的维生素C，能提高肝脏的解毒能力，提高机体免疫力。

原料

鸣门卷50克、西蓝花100克、虾仁50克、滑子菇50克、盐3克、味精3克、醋5毫升、香油8毫升

做法

1. 鸣门卷洗净，切片；西蓝花洗净，掰成朵；虾仁洗净；滑子菇洗净。
2. 将上述材料分别焯水后捞出同拌，调入盐、味精、醋拌匀。
3. 淋入香油即可。

小贴士

西蓝花捞出后将花蕾朝下放，水分会去除得比较彻底。

干拌羊杂

20 分钟　75 克 / 日　夏季

本品含有蛋白质、脂肪、碳水化合物、钙、磷、铁、B 族维生素、维生素 C 等多种营养素，营养价值很高。

原料

羊肝 100 克、羊心 100 克、羊肺 100 克、青椒 1 个、红椒 1 个、盐 3 克、醋 8 毫升、生抽 10 毫升、熟芝麻 5 克、香菜段 5 克

做法

1. 羊肝、羊心、羊肺洗净，切块；青椒、红椒洗净，切圈，用热水焯一下。
2. 锅内注水烧热，下羊肝、羊心、羊肺氽熟，沥干并装入盘中，再放入青椒、红椒。
3. 盘中加入盐、醋、生抽拌匀，撒上熟芝麻、香菜段即可。

小贴士

羊肝、羊心、羊肺要反复清洗。

田园鲜蔬沙拉

5 分钟　100 克 / 日　春、夏季

本品色泽鲜艳，外形美观，入口新鲜细嫩、解腻开胃，维生素含量丰富。其中的葡萄干是补血的佳品，适合儿童食用。

原料

小黄瓜 50 克、红椒 1 个、黄椒 1 个、苜蓿芽 50 克、葡萄干 10 克、蛋黄色拉酱 10 克、白醋 10 毫升、鲜奶 50 毫升

做法

1. 小黄瓜洗净，以波浪刀切片；苜蓿芽洗净，沥干水分备用。
2. 蛋黄色拉酱、白醋、鲜奶放入小碗中，搅拌均匀做成色拉酱备用。
3. 红椒、黄椒分别去蒂及子，洗净，切丝排入盘中，加入小黄瓜及苜蓿芽，撒上葡萄干，淋上调好的色拉酱即可。

小贴士

将洗净的蔬菜放入冰水中冰镇，口感更佳。

凉拌芦笋

10分钟　100克/日　春、夏季

本品是一种低热量、高营养价值的凉拌菜。其中的芦笋富含叶酸和柔软的膳食纤维；金针菇含有丰富的赖氨酸、精氨酸、亮氨酸，二者搭配营养价值较高。

原料

芦笋300克、金针菇200克、红椒1个、盐2克、醋10毫升、酱油5毫升、香油8毫升、葱1棵

做法

1. 芦笋洗净，对半切段；金针菇洗净；红椒、葱分别洗净切丝。
2. 芦笋、金针菇入沸水中焯熟，摆盘，撒入红椒丝和葱丝。
3. 净锅加适量水烧沸，倒入酱油、醋、香油、盐调匀，淋入盘中即可。

小贴士

芦笋和金针菇均要焯熟透。

和风野菜综合沙拉

4分钟　150克/日　夏季

本品色泽鲜艳，外形美观，鲜嫩爽口，解腻开胃。由于含水果、蔬菜种类较多，各种维生素、膳食纤维含量较高，适合孩子食用。

原料

芦笋3根、苹果50克、苜蓿芽15克、红椒15克、黄椒15克、紫薯50克、和风番茄色拉酱15克

做法

1. 芦笋洗净，去硬皮，焯烫后捞出装盘，放入冰水中冰镇备用；红椒、黄椒、苹果分别洗净，切片，均排入盘中。
2. 苜蓿芽、紫薯放入盘中装饰，蘸和风番茄色拉酱即可食用。

小贴士

放一点香醋进去，口感会更好。

鱼子水果沙拉

10 分钟 75 克 / 日 夏季

本品维生素 C 含量丰富，有增强体质、预防疾病的作用。其中的鱼子含有多种营养成分，是儿童大脑和骨髓的良好补充剂、滋长剂。

原料

火龙果半个、橙子 2 个、圣女果 3 颗、葡萄 3 颗、鱼子 25 克、色拉酱 15 克

做法

1. 火龙果洗净，挖瓤切丁，将皮作为器皿；橙子一个切片，一个去皮切丁；圣女果、葡萄洗净，对切放盘底。
2. 将火龙果丁、橙子丁放入火龙果器皿中，淋上色拉酱，撒上鱼子、橙片造型即可。

小贴士

制成后放冰箱冷藏 1 小时，口感更佳。

水果聚宝盆

5 分钟 150 克 / 日 夏、秋季

本品维生素含量比较丰富，有降血压、调节酸碱平衡、缓解疲劳、减肥瘦身、保养皮肤等作用。

原料

猕猴桃 100 克、香蕉 100 克、菠萝肉 50 克、脐橙 100 克、圣女果 50 克、新鲜柠檬 1 个、盐 3 克、白糖 5 克

做法

1. 猕猴桃、香蕉、脐橙分别剥皮切丁；圣女果洗净对切。
2. 菠萝肉切丁，拌入适量的盐，浸泡片刻，用凉开水洗去咸味，再加入适量的白糖浸泡。
3. 将所有加工过的水果放入干净的容器中，加入少许盐、适量白糖，再挤入新鲜柠檬汁，拌匀即可。

小贴士

适当放入一两种蔬菜，营养价值更高。

红豆拌西蓝花

10分钟　100克/日　夏季

本品口感清爽特别。其中的西蓝花维生素C含量非常高，能增强人体免疫力；红豆中含有膳食纤维，有润肠通便的作用。二者搭配，适合儿童食用。

原料

红豆40克、西蓝花200克、洋葱10克、橄榄油3毫升、柠檬汁15毫升

做法

1. 洋葱剥皮，洗净，切丁，泡水备用。
2. 西蓝花洗净切小朵，放入滚水汆烫至熟，捞起，泡冰水备用；红豆入锅煮熟后捞出备用。
3. 橄榄油、柠檬汁调成酱汁备用。
4. 洋葱沥干放入盘中，加入西蓝花、红豆、酱汁混合拌匀即可。

小贴士

西蓝花不宜烫太久，避免熟烂。

红油拌肚丝

15分钟　100克/日　夏、秋季

本品颜色红亮，其主料肚丝爽脆可口，异常美味。猪肚富含钙、钾、钠、镁、铁等元素及维生素A、维生素E等成分，有补虚损、健脾胃的作用。

原料

猪肚300克、酱油20毫升、红油10毫升、香油10毫升、盐3克、味精2克、白糖5克、葱花5克

做法

1. 将猪肚择净浮油，洗干净，放入开水锅中煮熟捞出。
2. 待猪肚晾凉，切成3米长的细丝待用。
3. 取酱油、红油、香油、盐、味精、白糖、葱花兑汁调匀，淋在肚丝上，拌匀即成。

小贴士

煮猪肚的时候一定不能先放盐，这样很可能会导致猪肚难以咬动。

卤水牛肉

140 分钟　100 克 / 日　夏、秋季

本品有补中益气、滋养脾胃、强健筋骨、止渴止涎等功效。其主料牛肉是优良的高蛋白食品，适合儿童常食。

原料

牛肉 500 克、精卤水适量

做法

1. 牛肉洗净，汆水，撇去浮沫后捞出沥干。
2. 精卤水烧开，熄火，放入牛肉浸泡 4 分钟，再大火煮沸，转至小火卤 4 分钟，熄火，继续浸泡 4 分钟至入味，捞出晾凉。
3. 食用时将牛肉切片，最后淋上卤汁即可。

小贴士

腱子肉和腿肉肉质较紧密，适合卤制。

抹茶优酪苹果丁

5 分钟　200 克 / 日　全年

本品酸甜可口，营养丰富，老幼皆宜。其主料苹果既能增强记忆力，又能预防阿尔兹海默症，非常适合婴幼儿、老人和病人食用。

原料

苹果 350 克、绿茶粉 10 克、优酪乳 50 克

做法

1. 苹果洗净，去皮切细丁，放入盘中。
2. 取小碗，放入绿茶粉、优酪乳拌成蘸酱。
3. 取牙签刺上苹果，蘸食即可。

小贴士

提醒孩子食用本品时细嚼慢咽，否则影响消化吸收。

鲜蔬明虾沙拉

12 分钟　150 克 / 日　夏、秋季

本品色彩鲜艳，蔬菜入口爽脆，虾肉肉质肥厚、味道鲜美，营养成分相对较为齐全，有增强免疫力的作用，适合孩子常食。

原料

明虾 80 克、西芹 100 克、罐头玉米粒 50 克、黄瓜片 15 克、番茄 15 克、西蓝花 15 克、色拉酱 5 克

做法

1. 明虾洗净；西芹取梗洗净，切小段；番茄洗净，切块；西蓝花洗净，掰小朵。
2. 西芹、西蓝花入沸水焯熟，捞起摆盘，淋色拉酱，撒玉米粒，摆上黄瓜片、番茄。
3. 将明虾入沸水氽熟，摆盘即可。

小贴士

烹食虾的时候放一些醋可以让虾壳的颜色更加鲜亮，虾壳也更容易剥除。

沙拉鲜蔬盏

15 分钟　125 克 / 日　夏季

本品造型独特，有吸引人食欲的作用。由于包含了番茄、荸荠、玉米、黄瓜、红椒、西蓝花等食物的营养功效，维生素种类较为丰富，适合孩子食用。

原料

番茄 1 个、荸荠丁 50 克、罐头玉米粒 25 克、黄瓜 25 克、红椒 10 克、西蓝花 15 克、色拉酱 10 克

做法

1. 番茄洗净，头部切花做出造型，中间挖空备用；黄瓜洗净，切片；红椒洗净，切丁；西蓝花洗净，掰成小朵，焯熟和黄瓜片摆盘。
2. 将玉米粒、红椒丁、荸荠丁放入碗中，加色拉酱拌匀，填入番茄中，摆盘即可。

小贴士

也可根据孩子的口味喜好拌入蜂蜜或白糖。

四色豆腐

10 分钟　50 克 / 日　夏季

本品色香味俱佳，且具有宽中益气、调和脾胃、消除胀满、润肠通便等作用，适合孩子常食。

原料

豆腐 100 克、咸蛋黄 25 克、皮蛋 25 克、火腿 25 克、榨菜 15 克、生抽 10 毫升、蒜末 8 克、红椒丝 8 克、香菜段 8 克

做法

1. 豆腐洗净切方块，焯熟，捞出装盘；咸蛋黄捣碎；皮蛋、火腿、榨菜切末。
2. 咸蛋黄、皮蛋、火腿、榨菜分别放在豆腐上。
3. 生抽、蒜末加入适量凉开水拌匀，制成味汁，淋在豆腐上，撒上红椒丝、香菜段即可。

小贴士

选购豆腐的时候，宜选切面整齐、有弹性、不易破碎者。

豆角豆干

80分钟 100克/日 夏季

本品有调和脏腑、益气健脾、消暑化湿和利水消肿的功效。其中的豆干还含有卵磷脂、钙质，对儿童大有裨益。

原料

豆角150克、豆干100克、盐2克、酱油5毫升、辣椒油8毫升、香油3毫升、醋3毫升、食用油适量、胡萝卜丝5克、蒜8克、姜5克、葱5克

做法

1. 豆角去头和尾，洗净后切成长段；豆干洗净切条；蒜、姜去皮后与葱一起洗净，切末。
2. 上锅加油烧热爆香姜、蒜末后盛出，加入酱油、香油、盐、辣椒油、醋拌匀，做成调味料。
3. 将水烧沸后，下豆角、豆干焯水后捞出，沥干水分装盘撒上胡萝卜丝，蘸调味料食用即可。

小贴士

豆角在烹制之前用开水烫一下可以保持色泽不变。

脆嫩双笋

15分钟 100克/日 夏季

本品爽脆适口，有开胃消食的作用。其中的竹笋含有清洁肠道的粗纤维，可帮助消化，防止便秘；莴笋含矿物质、维生素较多，可增进食欲，对儿童体格发育有好处。

原料

竹笋300克、莴笋150克、盐3克、味精2克、白糖10克、香油5毫升

做法

1. 竹笋、莴笋分别去皮洗净，切成滚刀片。
2. 再将竹笋投入开水锅中煮熟，捞出沥干水分；莴笋于锅中略汆水，捞出沥干水。
3. 双笋都盛入碗内，加入盐、味精和白糖拌匀，再淋入香油调味即成。

小贴士

肠胃功能不好的孩子不宜食用。

第六章

小学生的汤、羹、粥、蔬果汁

汤、羹、粥属于流质食物，有着其他食材所不具备的优点：食物的营养成分经过长时间的熬煮析出得更彻底，更容易被人体吸收和消化。儿童肠胃功能较成年人弱，食用长时间煲出来的汤、羹、粥显然更合理，家长在日常生活中也要经常为孩子烹食。蔬果汁富含膳食纤维和多种维生素，蔬菜里有大量的纤维素，可以加速肠道蠕动，能帮助孩子解决便秘的问题。

清炖排骨汤

60 分钟　200 克 / 日　秋、冬季

本品口味鲜浓，能补充维生素、钙、骨胶原、骨黏蛋白等，有促进孩子生长发育的作用，秋冬季节可常食。

原料

排骨 250 克、盐 3 克、干姜 5 克

做法

1. 将排骨斩件，汆烫，捞起冲净，放入炖锅，再加水至盖过材料，以大火煮开。
2. 干姜去皮洗净切片，放入炖锅。
3. 转小火炖约 30 分钟，捞出姜片，加盐调味即可。

小贴士

若要汤汁清爽，可将排骨烫至血沫出尽再炖。

菠菜肝片汤

60 分钟　175 克 / 日　秋季

本品中的菠菜富含铁、锌、磷，可补血强体；猪肝可补肝养血。二者搭配，补血效果显著，尤其适合贫血及营养不良的儿童。

原料

猪肝 200 克、菠菜 50 克、盐 3 克、淀粉 3 克

做法

1. 菠菜去根洗净，切小段。
2. 猪肝洗净，切片，加入淀粉抓匀。
3. 水锅烧沸，放入猪肝，并下菠菜，等汤再次煮沸后，加盐调味，即可熄火。

小贴士

菠菜不宜放入太早，以避免菠菜中维生素 C 的流失。

鸽肉红枣汤

45 分钟　200 克 / 日　秋、冬季

本品中的鸽肉肉质香嫩可口，民间有“一鸽胜三鸡”的说法。鸽子不仅味道鲜美，而且营养丰富，是著名的滋补食品，适合儿童食用。

原料

鸽子 1 只、莲子 60 克、红枣 25 克、盐 3 克、味精 2 克、姜片 5 克、食用油 10 毫升

做法

1. 鸽子处理干净，剁成块；莲子、红枣泡发，洗净。
2. 鸽肉下入沸水中汆去血水后，捞出沥干。
3. 锅上火，加油烧热，用姜片爆锅，下入鸽块稍炒，加适量清水，下入红枣、莲子一起炖 35 分钟至熟，放盐和味精调味即可。

小贴士

鸽肉烹饪方式多种多样，以清蒸或煲汤营养价值最高。

红枣姜蛋汤

25 分钟　150 克 / 日　冬季

本品有温中散寒、活血理气的作用。孩子在冬季的晚上食用一碗，既可起到暖手暖脚的作用，还可起到营养滋补的作用。

原料

去核红枣 50 克、桂圆肉 50 克、鸡蛋 1 个、红糖 5 克、姜 10 克

做法

1. 取碗，放入红枣、桂圆肉，用清水泡发，然后洗净；姜洗净切片。
2. 锅中水烧开，放入鸡蛋煮熟。
3. 将熟鸡蛋剥去壳后同余下食材一起入锅炖煮。
4. 10 分钟后，加入红糖调味即可。

小贴士

姜表皮中有较多营养成分，熬汤时可不去皮。

莲藕糯米甜粥

25 分钟　200 克 / 日　夏、秋季

本品营养价值极高，其中的莲藕可润肺清热、健脾开胃；桂圆可益心脾、补气血；花生可补钙、补卵磷脂；糯米可补中益气，四者搭配有助于促进儿童生长发育。

原料

莲藕 15 克、花生 15 克、红枣 15 克、糯米 90 克、白糖 6 克

做法

1. 糯米泡发洗净；莲藕洗净切片；花生洗净；红枣去核洗净。
2. 锅置火上，注入清水，放入糯米、藕片、花生、红枣，用大火煮至米粒完全绽开。
3. 改用小火煮至粥成，加入白糖调味即可。

小贴士

粥可熬制得时间长一些更有营养。

健体补血汤

55分钟　150克/日　夏季

本品补血效果显著，尤适合贫血、瘦弱、营养不良的儿童食用。其中的莲藕、木耳、大豆还可补充多种维生素、矿物质及植物蛋白。

原料

莲藕200克、水发木耳10克、黄豆10克、番茄1个、盐3克、香油适量

做法

1. 将莲藕去皮洗净切成滚刀块；木耳洗净撕成小朵；黄豆洗净浸泡；番茄洗净切成块备用。
2. 净锅上火倒入水，调入盐，下莲藕、水发木耳、黄豆、番茄煲至熟，淋入香油即可。

小贴士

清洗木耳时，先将木耳放在淘米水中浸泡半小时左右，然后放入清水中漂洗，沙粒极易除去。

米酒鸡蛋羹

30分钟　100克/日　秋、冬季

本品香甜浓郁，入口甜美，还能补充优质蛋白质及多种维生素、葡萄糖、氨基酸等营养成分，有提升孩子食欲的作用。

原料

米酒20毫升、大米50克、鸡蛋1个、红枣5颗、白糖5克

做法

1. 大米淘洗干净，浸泡片刻；鸡蛋煮熟切碎；红枣洗净。锅置火上，注入清水，放入大米、米酒煮至七成熟。
2. 放入红枣，煮至米粒开花；放入鸡蛋、白糖调匀即可。

小贴士

鸡蛋煮熟之后迅速放入冷水几分钟，方便剥壳。

菜脯鱿米羹

35 分钟　250 克 / 日　秋、冬季

本品富含蛋白质、钙、磷、维生素 B_1 等多种人体所需的营养成分，营养价值极高，适合孩子食用。

原料

菜脯 20 克、鱿鱼 20 克、红枣 3 颗、大米 50 克、盐 2 克、鸡精 1 克、胡椒粉 1 克、香油 5 毫升、姜 5 克、葱 10 克

做法

1. 菜脯洗净切粒；鱿鱼泡发切丝；姜洗净切丝；葱洗净切碎；红枣去核洗净切片。
2. 锅上火，注入清水，放入姜丝、枣片，水沸后下洗净的大米、菜脯，大火煮沸后转用小火慢煲。
3. 煲至米粒软烂，放入鱿鱼，继续煲至成糊状，调入盐、鸡精、胡椒粉，撒入葱花，淋入少许香油拌匀即可。

小贴士

鱿鱼泡发的时候，可把烧碱用清水化开，再加适量清水，把鱿鱼放入其中，待鱿鱼体软变厚时，捞入清水中浸泡即成。

双果猪肉汤

50 分钟　125 克 / 日　春、秋季

本品不但口味好，而且营养价值也比较高。其中的猪腿肉是高蛋白、低脂肪、高维生素的食物；苹果是低热量、高维生素的食物；无花果可健胃清肠，开胃驱虫。

原料

猪腿肉 100 克、苹果 45 克、干无花果 50 克、盐 3 克、鸡精 3 克、葱花 3 克、食用油适量

做法

1. 将猪腿肉洗净、切片；苹果洗净、切片；干无花果用温水浸泡备用。
2. 净锅上火倒入油，将葱花炝香，下入猪腿肉煸炒至熟，倒入水，调入盐、鸡精烧沸，下入苹果、无花果煲至熟即可。

小贴士

猪腿肉也适合斜切。

核桃芝麻糊

20分钟 100克/日 秋、冬季

本品含有多种有益人体健康的营养素，如维生素A、B族维生素、维生素E、磷、镁、钾等，尤其含有大量补益大脑的不饱和脂肪酸，非常适合学龄期孩子食用。

原料

黑芝麻10克、杏仁粉10克、核桃仁10克、白芥子10克、蜂蜜3毫升

做法

1. 黑芝麻、核桃仁均洗净，沥干水分，放入碾碎机中碾成粉末；白芥子洗净，用棉布袋包好。
2. 锅中倒水，放入棉布袋煮沸后取出，再倒入黑芝麻、核桃仁、杏仁粉煮成糊状。
3. 加蜂蜜调味即可。

小贴士

也可根据孩子口味加入白糖或冰糖。

火腿菊花粥

55分钟 100克/日 夏、秋季

本品口感清香，有促进孩子食欲的作用。其中的火腿蛋白质含量丰富，更易被人体所吸收，夏秋季节，家长可常为孩子烹饪。

原料

菊花20克、火腿100克、大米80克、姜汁5毫升、葱花3克、白胡椒粉3克、盐2克、鸡精3克

做法

1. 火腿洗净切片；大米淘净，用冷水浸泡半小时；菊花洗净备用。
2. 锅中注水，下入大米，大火烧开，下入火腿、菊花、姜汁，转中火熬煮至米粒开花。
3. 待粥熬出香味，调入盐、鸡精、白胡椒粉调味，撒上葱花即可。

小贴士

在火腿上涂些白糖再入锅，更容易炖烂。

美味八宝羹

100 分钟　125 克 / 日　秋、冬季

本品清甜滋补，色调美观，集红枣、桂圆、红豆、枸杞子、糯米、芡实、百合、山药八种食材的营养功效，适合孩子食用。

原料

红枣 5 颗、桂圆 10 克、红豆 10 克、枸杞子 5 克、糯米 20 克、芡实 5 克、百合 5 克、山药 5 克、白糖 5 克

做法

1. 桂圆肉洗净切碎；红枣洗净切开；山药去皮洗净切小块；百合洗净。
2. 红豆、枸杞子、芡实分别洗净、泡发、备用。
3. 糯米淘净，浸泡 1 小时后，倒入锅中，加水适量，待水开后，倒入所有材料，转小火煮 30 分钟，需定时搅拌，直到变黏稠为止。

小贴士

红豆提前泡发可以大大减少煮食的时间。

爽滑牛肉粥

35 分钟　200 克 / 日　全年

本品有补脾胃、益气血、除湿气、消水肿、强筋骨等作用。一般人群皆可食用，尤适合老人、儿童及体弱者补益身体。

原料

白粥 1 碗、牛肉 100 克、盐 3 克、鸡精 1 克、姜 1 块、葱 5 克

做法

1. 牛肉洗净切块；姜洗净后切成丝；葱择后洗净切碎。
2. 白粥放入锅内，煮开后加入姜丝、牛肉，煮 10 ~ 20 分钟。
3. 撒上葱花，加入调味料即可食用。

小贴士

牛肉含有丰富的营养，儿童常食可以增强体力。

红枣带鱼粥

55分钟 150克/日 全年

本品富含人体必需的多种矿物元素以及多种维生素，不但适合儿童食用，也适合老人和孕产妇食用，是一款不错的家常粥品。

原料

大米100克、带鱼100克、红枣5颗、香油5毫升、盐3克、香菜段5克

做法

1. 大米洗净，泡水30分钟；带鱼洗净切块，沥干水分；红枣泡发。
2. 红枣、大米加适量水大火煮开，转小火煮至成粥。
3. 加入带鱼煮熟，再拌入香油、盐，装碗后撒上香菜段即可。

小贴士

选购时要选择鱼鳞较多、鱼肉紧实、没有腥味的带鱼。

虾皮粥

30 分钟　200 克 / 日　夏季

本品味道很好，鲜中带有莴笋的清香，有促进人食欲的作用，有助于滋阴润燥和强筋壮骨，适合孩子食用。

原料

虾皮 150 克、莴笋 50 克、珍珠香米 100 克、盐 3 克、味精 2 克、香油 10 毫升、猪油适量

做法

1. 将虾皮、莴笋分别洗净，莴笋尖切细粒；珍珠香米淘洗干净。
2. 锅内加清水烧开，下珍珠香米，大火烧开后改用小火熬至粥熟。
3. 下莴笋、虾皮、猪油煮成粥，调入调味料搅匀即成。

小贴士

熬粥时也可放入一些绿豆。

香附豆腐汤

12 分钟　75 克 / 日　夏季

本品具有行气健脾、清热解毒的作用，有助于预防小儿腹泻。其中的豆腐既美味可口，又易于消化吸收，适合夏季常食。

原料

香附子 9 克、豆腐 200 克、盐 3 克、姜 5 克、葱 5 克、食用油适量

做法

1. 把香附子洗净，去杂质。
2. 豆腐洗净，切成 5 厘米见方的块；姜洗净切片；葱洗净切段。
3. 把炒锅置大火上烧热，加入油烧至六成熟时，下入葱、姜爆香，铲出葱、姜，注入清水，加香附，烧沸，下入豆腐、盐，煮 5 分钟即成。

小贴士

葱、姜影响菜品美观，故爆香后铲出。

红枣桂圆粥

30分钟　150克/日　冬季

本品具有养血补血、安神益智、增强食欲等作用，早上食用补气作用好，晚上食用安神作用好，家长可早晚交替着给孩子食用。

原料

大米100克、桂圆肉20克、红枣20克、红糖10克、葱花5克

做法

1. 大米淘洗干净，放入清水中浸泡；桂圆肉、红枣洗净备用。
2. 锅置火上，注入清水，放入大米，煮至粥将成。
3. 放入桂圆肉、红枣煨煮至酥烂，加红糖调匀，撒上葱花即可。

小贴士

红枣要去核，这样才容易出味。

南北杏苹果黑鱼汤

60分钟　125克/日　全年

本品营养丰富，美味可口。其中的鱼肉有助于补充DHA，促进大脑发育；苹果有助于排毒、益智补脑、增强免疫力，二者搭配较适合孩子食用。

原料

南杏仁25克、北杏仁25克、苹果1个、黑鱼500克、猪瘦肉150克、红枣5克、盐3克、姜2片、食用油适量

做法

1. 黑鱼处理干净；锅入油烧热，爆香姜片，将黑鱼两面煎至金黄色；猪瘦肉洗净，切块；南杏仁、北杏仁泡发，去皮、尖，入沸水中焯好备用；苹果洗净去核切块。
2. 瓦煲入适量水，煮沸后加入所有原材料，小火煲1小时，加盐调味即可。

小贴士

可在汤中加入几个蜜枣或冰糖，口感也不错。

金针菇煮蛋羹

12 分钟　100 克 / 日　春、夏季

本品具有抗菌消炎、抗疲劳、增强体质等作用。其中的金针菇里的氨基酸与人体需要较为接近，有利于儿童的智力发育；蛋清是良好的蛋白质来源。

原料

鸡蛋 1 个、金针菇 100 克、盐 3 克、生抽 2 毫升、食用油适量

做法

1. 鸡蛋敲开后取蛋清备用；金针菇洗净切末。
2. 在蛋清中加适量盐调味，加适量水拌匀，倒入锅中，小火煮熟。
3. 锅内油烧热，下入金针菇末翻炒，加生抽调味，炒熟后淋在煮熟的蛋清上即可。

小贴士

可根据孩子的口味加入香油和生抽。

清炖鸡汤

50 分钟　125 克 / 日　夏、秋季

本品肉质细嫩，滋味鲜美。其主料鸡肉是高蛋白、低脂肪的食物，很容易被人体吸收利用，有增强体力、强壮身体的作用；胡萝卜有益于视力；莲子败火。三者搭配，营养价值极高。

原料

鸡肉 200 克、胡萝卜 150 克、莲子 30 克、盐 3 克、味精 2 克、葱末 6 克、姜末 6 克、食用油适量

做法

1. 将鸡肉洗净，斩块后汆水；胡萝卜去皮洗净切块；莲子洗净备用。
2. 净锅上火，倒入油烧热，先将葱、姜炝香，再倒入水，加入鸡肉、胡萝卜、莲子，调入盐、味精，煲至熟即可。

小贴士

鸡肉要切成稍小一点的块，这样才可以更入味。

番茄炖牛肉

60分钟　125克/日　秋季

本品酸酸甜甜，营养又开胃。其中的牛肉中氨基酸的组成比较接近人体需要，能提高机体抗病能力，对儿童生长发育有好处。

原料

牛肉250克、番茄200克、盐3克、鸡精2克、白胡椒粉6克、葱5克、姜5克、食用油适量

做法

1. 牛肉洗净切成四方小丁；番茄洗净切成块；姜洗净切成末；葱洗净切碎。
2. 锅中加油烧热，下入姜末爆香后，再加入牛肉炒至水分收干。
3. 砂锅置火上，倒入炒好的牛肉块、番茄，加适量清汤，大火炖40分钟后，撒入葱花，调入调味料即可。

小贴士

将少许茶叶用纱布包好，放入锅内与牛肉一起炖煮，这样可以使肉熟得快，味道清香。

绿豆鹌鹑汤

40 分钟　100 克 / 日　夏季

本品营养丰富，质地软烂，有清热润肺、消暑解毒的功效。其中的鹌鹑营养丰富，蛋白质含量高达 22.2%，还含有多种维生素和矿物质以及卵磷脂，适合儿童常食。

原料

绿豆 50 克、鹌鹑 1 只、瘦肉 50 克、盐 3 克、欧芹少许

做法

1. 将绿豆洗净泡发；瘦肉洗净切成厚块；香菜洗净切碎。
2. 鹌鹑处理干净，与瘦肉块一起下入沸水中焯去血水后捞出。
3. 将绿豆下入锅中煮至熟烂，再下入所有材料一起煲 25 分钟，调入盐、撒上欧芹即可。

小贴士

绿豆要先浸泡数小时，这样才易煮烂。

豆腐海带鱼尾汤

75 分钟　100 克 / 日　秋季

本品中的豆腐营养丰富，且富含不饱和脂肪酸；海带富含矿物质；鱼尾蛋白质和维生素含量丰富。三者搭配，营养成分较为齐全，有增强免疫力的作用。

原料

豆腐 100 克、海带 50 克、鱼尾 200 克、盐 3 克、姜 2 片、食用油适量

做法

1. 豆腐放入冰箱急冻 30 分钟。
2. 海带浸泡 24 小时，洗净后切片。
3. 鱼尾去鳞，洗净；烧锅下食用油、姜，将鱼尾两面煎至金黄色，加入适量沸水，煲 20 分钟后放入豆腐、海带，再煮 15 分钟，加盐调味即可。

小贴士

选用嫩豆腐，口感会更滑嫩一些。

味噌豆腐汤

18分钟　100克/日　夏季

本品富含蛋白质、脂肪、铁、钙、维生素A、维生素B_1、维生素B_2等营养成分，儿童常食可增强免疫力。

原料

生菜100克、豆腐150克、味噌5克

做法

1. 生菜去老梗，洗净；豆腐洗净切丁。
2. 在锅中烧水，水煮沸后放豆腐丁，利用味噌调味（味噌加入少许水调匀后，再放入汤中）。
3. 放入生菜，烧沸即可。

小贴士

生菜最后放有助于避免维生素的流失。

梨苹果香蕉汁

4分钟　125克/日　夏、秋季

本品营养成分相对较多。苹果富含有机酸、维生素C及纤维质，梨含有丰富的果糖和有机酸，香蕉富含维生素和矿物质，三者合食，适合儿童。

原料

梨1个、苹果1个、香蕉1根、蜂蜜10毫升

做法

1. 将梨和苹果洗净，去皮去核后切块；香蕉剥皮后切成块状；将梨和苹果放进榨汁机中，榨出汁。
2. 将果汁倒入杯中，加入香蕉及适量的蜂蜜，一起搅拌成汁即可。

小贴士

也可根据孩子口味加入其他水果一起打成汁。

红薯米羹

45 分钟　100 克 / 日　秋季

本品含有丰富的镁、磷、钙等矿物质和亚油酸等，既能为人体提供多种营养成分、防止便秘，又有滋养大脑的作用。

原料

红薯 1 个、大米 100 克、味精 1 克、盐 2 克、香油 5 毫升

做法

1. 红薯去皮洗净切粒；大米洗净。
2. 砂锅注水烧开，入大米煮沸。
3. 放入红薯粒小火慢煲成糊，调入盐、味精，淋上香油拌匀即可。

小贴士

红薯也可切成稍大一点的块。

南瓜鱼松羹

50 分钟　150 克 / 日　秋季

本品含有丰富的胡萝卜素、维生素 C、不饱和脂肪酸，有健脾养胃、补益肝脏、防治夜盲症的作用，对于儿童佝偻病、青少年近视有一定预防作用。

原料

南瓜 300 克、草鱼肉 100 克、盐 3 克、白糖 10 克、淀粉 5 克、味精 2 克、香菜 1 棵、食用油适量

做法

1. 南瓜去皮，蒸熟后剁蓉；草鱼肉处理干净切成粒；香菜洗净切碎。
2. 草鱼肉粒装入盘，调入盐、白糖、淀粉，搅拌均匀过油备用。
3. 锅加入清水大火煮开，放入南瓜蓉、盐、味精、白糖煮约 1 分钟转小火，加入草鱼肉粒，煮熟后加入淀粉勾芡，撒上香菜即可。

小贴士

撒入一些葱花，口感会更好。

黑芝麻果仁粥

80分钟　125克/日　秋、冬季

本品中的黑芝麻、核桃仁、杏仁含有丰富的蛋白质及各种微量元素、不饱和脂肪酸、钙等多种营养素。搭配食用健脑作用极佳，适合孩子食用。

原料

大米100克、黑芝麻10克、核桃仁15克、杏仁15克、冰糖15克

做法

1. 将杏仁洗净；核桃仁去皮；大米洗净后，用水浸泡30分钟；黑芝麻炒熟。
2. 锅置火上，放入清水与大米，大火煮开后转小火，熬煮20分钟。
3. 加入核桃仁、杏仁、冰糖，继续用小火熬煮30分钟，待粥煮好后，加入熟黑芝麻即可。

小贴士

炒黑芝麻的时候小火翻炒，大火易焦掉。

金针菇煎蛋汤

17分钟　100克/日　夏季

本品汤鲜美，蛋白质含量较高，各种维生素、矿物质种类较为齐全，对维持新陈代谢及儿童生长发育意义重大。

原料

鸡蛋3个、蟹肉条4条、金针菇50克、香油8毫升、盐3克、味精2克、姜1块、葱5克、食用油适量

做法

1. 将蟹肉条洗净后切成菱形段；金针菇洗净；姜切成片；葱切成葱花备用。
2. 鸡蛋打入碗中搅匀后，加入少许盐、味精调味，入油锅中煎好。
3. 再倒入清水，下入姜片、蟹肉条、金针菇煮熟，调入盐、香油、味精，撒上葱花，即可。

小贴士

烹饪时也可放少许青菜。

鲜虾青萝卜汤

10 分钟　125 克 / 日　夏、秋季

本品汤鲜肉肥嫩，美味又滋补。其主料虾除了含有优质蛋白质外，还富含维生素 B_1、维生素 B_2、氨茶碱、维生素 A 等有助于儿童生长发育的营养元素。

原料

鲜虾 250 克、青萝卜 200 克、盐 3 克、葱花 5 克、姜片 5 克、食用油适量

做法

1. 将鲜虾洗净；青萝卜洗干净切丝备用。
2. 炒锅上火倒入油，将葱、姜炝香，下入鲜虾略炒，倒入水，下入青萝卜煲至熟，调入盐即可。

小贴士

油不宜放太多。

栗子排骨汤

60 分钟　100 克 / 日　秋、冬季

本品汤鲜肉嫩，非常美味，也非常有营养。生长发育期儿童多喝排骨汤，有补钙的作用，有助于促进骨骼发育。

原料

鲜栗子 150 克、排骨 200 克、胡萝卜 1 根、盐 3 克

做法

1. 栗子入沸水中用小火煮约 5 分钟，捞起剥膜。
2. 排骨放入沸水中汆烫，捞起，洗净；胡萝卜削皮，洗净切块。
3. 将以上材料放入锅中，加水盖过材料，以大火煮开，转小火续煮 30 分钟，加盐调味即可。

小贴士

肋骨肉多，棒骨香，炖汤的时候可选择两种排骨混合炖。

鹅肉萝卜汤

60 分钟　100 克 / 日　秋季

本品中的鹅肉含有孩子生长发育所必需的各种氨基酸，且容易被人体吸收和消化；萝卜所含的多种营养成分能增强人体的免疫力，二者同食有增强免疫力的作用。

原料

鹅肉 500 克、白萝卜 250 克、盐 3 克、味精 2 克、香油 5 毫升、姜片 5 克、百里香少许

做法

1. 将鹅肉、白萝卜分别洗净切块。
2. 将以上材料放入砂锅中，加水 500 毫升，烧开后，加入姜片和盐，改小火炖至酥烂。
3. 起锅前下味精，淋上香油，撒上百里香点缀即可。

小贴士

宜挑选肉色呈新鲜红色、血水不会渗出太多的鹅肉。

虾米节瓜羹

40 分钟　175 克 / 日　春、夏季

本品是炎热夏季的理想菜品，有清热、清暑、解毒、利尿、消肿以及提升食欲、增强体质等功效，适合老人和孩子食用。

原料

虾米 20 克、节瓜 50 克、大米 100 克、盐 3 克、鸡精 1 克、姜 5 克、葱 5 克、红枣 1 颗

做法

1. 节瓜去皮洗净切丝；虾米洗净备用；姜去皮洗净切丝；红枣洗净切丝；葱洗净切碎。
2. 锅上火，注入适量清水，加入姜丝、枣丝，大火烧沸后，放入洗净的大米，再次烧沸后，改用小火熬煮。
3. 熬至米粒软烂时，放入虾米、节瓜丝，继续煮，至呈米糊状，调入盐、葱花、鸡精搅拌均匀即可食用。

小贴士

烹饪虾米时可不放鸡精，这样虾味会更加鲜美。

菠萝麦仁粥

15 分钟　80 克 / 日　春季

此粥香甜可口，菠萝有清热解暑、生津止渴、健胃消食的功效，可用于消化不良、小便不利等症；麦仁含有丰富的糖类、蛋白质，有健脾益胃的功效，二者合煮成粥，有利于孩子消化。

原料

菠萝 30 克、麦仁 80 克、白糖适量、葱花 5 克、淡盐水适量

做法

1. 菠萝去皮洗净，切块，浸泡在淡盐水中；麦仁洗净。
2. 锅置火上，入清水适量，放入麦仁煮至熟，放入菠萝同煮，改用小火煮至粥浓稠，调入白糖，再撒上葱花即可。

小贴士

菠萝使用前可用盐水浸泡 10 分钟，口感更香甜。

胡萝卜牛骨汤

120 分钟 200 克 / 日 秋季

本品营养丰富，适合孩子食用。更重要的是，牛骨补钙，可防治龋齿的发生，对孩子的身高、体重增长有帮助，还有减少感冒、增强注意力和免疫力的作用。

原料

牛骨 500 克、胡萝卜 1 个、番茄 2 个、包菜 100 克、洋葱半个、盐 3 克、胡椒粉 3 克

做法

1. 牛骨洗净斩块备用；胡萝卜去皮洗净切大块；番茄洗净切块；包菜洗净切块，洋葱洗净切片。
2. 放牛骨、胡萝卜块、番茄块、包菜块、洋葱片于瓦煲中，加适量清水煲 90 分钟。
3. 加胡椒粉、盐调味即成。

小贴士

炖的时间还可更久一些，如 2 小时。

味噌海带汤

25 分钟 125 克 / 日 夏、秋季

本品是高蛋白、低脂肪食物，富含矿物质、维生素、纤维素、钙、钾、碘等常规营养素，有增强体质、防病抗病的功效。

原料

味噌酱 12 克、海带芽 50 克、豆腐 100 克、盐 3 克

做法

1. 豆腐洗净，切小丁；将水放入锅中，开大火，待水沸后将海带芽、味噌酱熬煮成汤头。
2. 待熬出海带芽、味噌汤头后，再加入切成小丁的豆腐。
3. 待水沸后加入少许盐调味即可。

小贴士

海带芽与味噌酱皆已带有咸味，应先试汤头，若味道不足再加盐。

番茄排骨汤

40 分钟　150 克 / 日　夏季

本品色、香、味俱全，且含有较高的营养价值。其中的番茄可增进食欲、提高对蛋白质的消化；豆芽的蛋白质利用率高、矿物质元素更容易被吸收；排骨可润燥滋阴。

原料

番茄 50 克、黄豆芽 300 克、排骨 350 克、盐 3 克

做法

1. 番茄洗净切块；黄豆芽掐去根须，洗净。
2. 排骨切块，入沸水中汆烫后捞出。
3. 将全部材料放入锅中，加 6 碗水，以大火煮沸，转小火慢炖 30 分钟，待肉熟烂，汤汁变为淡橙色，加盐调味即成。

小贴士

宜选择一寸左右的黄豆芽，营养价值最高。

黄瓜泥鳅汤

25 分钟　200 克 / 日　秋季

本品营养丰富，这有赖于泥鳅中的维生素 A、维生素 B_1、维生素 C 和钙、铁等对人体有益的营养素，适合生长发育期的孩子食用。

原料

泥鳅 200 克、黄瓜 100 克、盐 3 克、醋 10 毫升、酱油 15 毫升、香菜 25 克、食用油适量

做法

1. 泥鳅处理干净，切段；黄瓜洗净，去皮，切块；香菜洗净。
2. 锅内注油烧热，放入泥鳅翻炒至变色，注入适量水，并放入黄瓜焖煮。
3. 煮至熟后，加入盐、醋、酱油调味，撒上香菜即可。

小贴士

买回来的泥鳅，用水漂洗后放在装有少量水的塑料袋中，扎紧口放入冰箱冷冻，可保鲜较长时间

芋圆地瓜圆汤

30分钟 150克/日 秋季

本品肉质细腻，软香可口，有增进孩子食欲的作用。其中的芋头含有一定量的氟，有洁齿防龋、保护牙齿的作用，适合学龄期孩子食用。

原料

芋头500克、地瓜500克、面粉适量、白糖5克

做法

1. 芋头去皮洗净，切大块；地瓜洗净去皮，切厚片；面粉加入白糖，用热水调匀；将芋头、地瓜分别放进一蒸笼蒸至熟烂，将调匀白糖的热水加入，拌匀。
2. 将蒸好的芋头、地瓜分别加入面粉揉匀成面团。
3. 将面团搓成长条，切成短段。
4. 锅入水烧热，下入面团煮沸，盛出待凉即可。

小贴士

有条件的家庭可选择荔浦芋头，口感更好。

番茄胡萝卜汤

80分钟 150克/日 春、夏季

本品可健脾开胃，滋阴润燥。其中的胡萝卜含有儿童生长发育所需的组氨酸、可溶性纤维、叶黄素和磷、钾、钙、镁、锌、硅等微量元素，儿童常食可以促进身心健康。

原料

番茄200克、胡萝卜150克、西芹100克、洋葱半个、盐3克、姜2片

做法

1. 将所有材料分别用清水洗净；番茄每个切成四块，胡萝卜去皮切薄片；西芹切段；洋葱切丝。
2. 煲中注入适量清水，猛火烧开，放入全部材料，以中火煲20分钟。
3. 加少许盐调味即可。

小贴士

切番茄的时候要沿着纹路去切，这样西红柿汁就不会流出来了。

煲黑鱼

50分钟 150克/日 春、秋季

本品肉质细嫩鲜美，营养丰富。其中的鱼肉适合儿童常食，可促进生长发育，还有助于孩子智力发育。

原料

黑鱼50克、生姜1块、盐3克、味精2克、胡椒粉1克、食用油适量

做法

1. 黑鱼去鳞宰杀，去内脏，斩段；生姜洗净，切片。
2. 下鱼段入七成油温锅，炸至紧皮后捞出。
3. 将以上所有材料装入炖盅内，加入适量清水，上火炖40分钟，调入盐、味精、胡椒粉即可。

小贴士

油温烧到七成热的时候放鱼才不会粘锅。

青苹果黑鱼汤

100分钟 150克/日 夏季

本品中的苹果含有丰富的维生素和苹果酸，有通便的作用；黑鱼营养价值高，历来是“盘中佳肴”，二者同食有促进孩子生长发育的作用。

原料

青苹果块50克、黑鱼段100克、猪腱50克、鸡块50克、盐3克、味精2克

做法

1. 猪腱、鸡块汆水洗净，黑鱼段洗净略炸，将三者放入炖盅摆好，加入清水，用保鲜纸包好。
2. 上火炖1小时，捞去肥油，加入苹果块炖半小时，再下入调味料即可。

小贴士

鸡块先蒸后烹制会更入味。

胡萝卜芥菜汤

30分钟　150克/日　夏季

本品简单易做，营养丰富。其中的芥菜含有大量的维生素C，有助于增强体质，在冬季食用还有预防感冒的作用。

原料

胡萝卜150克、芥菜20克、香菇20克、竹笋20克、盐3克、高汤适量

做法

1. 胡萝卜洗净去皮，切片；香菇泡软，洗净，去蒂，切片，放高汤内煮好。
2. 竹笋洗净切片；芥菜洗净切成大片，用热水焯过，捞出过凉水备用。
3. 所有原料放入高汤内煮熟，加盐调味。

小贴士

烹饪时间不宜过长，避免营养流失。

口蘑番茄汤

15 分钟　250 克 / 日　春、夏季

本品口感微酸，有开胃之效。其中的口蘑含有大量植物纤维，有助于预防便秘、促进排毒，还富含微量元素硒。

原料

口蘑 5 朵、番茄 1 个、嫩豆腐 100 克、水淀粉 10 毫升、盐 3 克、高汤 600 毫升、食用油适量

做法

1. 口蘑、豆腐洗净切小丁；番茄放入滚水汆烫后去皮，切片备用。
2. 起油锅，加入番茄、口蘑略炒，加入高汤、豆腐煮沸，以水淀粉勾薄芡，最后加入盐调味即可。

小贴士

洗豆腐的时候用小水流冲洗，然后在水中再泡半小时，即可去除涩味。

香菇冬笋排骨汤

35 分钟 250 克 / 日 冬季

本品钙质丰富，有促进骨骼生长、强健骨骼的作用，适合生长发育期的儿童食用。此外，本品还含有丰富的 B 族维生素，有助于促进新陈代谢。

原料

香菇 10 朵、排骨 300 克、冬笋 100 克、盐 3 克

做法

1. 冬笋洗净，切片；香菇洗净切片。
2. 排骨洗净，斩成小块，放入沸水中汆烫去血水。
3. 锅中加入适量水，将处理好的冬笋、香菇、排骨放入，待水沸后转小火煮至排骨熟，起锅前调入盐即可食用。

小贴士

排骨汆烫时间不宜过长，以免导致营养流失。

冬瓜冬笋素肉汤

10 分钟 125 克 / 日 夏、秋季

本品中的素肉含蛋白质较多；冬笋则含有多种氨基酸、维生素及钙、磷、铁等微量元素；冬瓜可清热利水。三者搭配，营养价值极高，适合孩子常食。

原料

素肉块 200 克、冬笋 100 克、冬瓜 100 克、盐 3 克、香油 5 毫升

做法

1. 将素肉块放入清水中浸泡至软化后取出，挤干水分备用；冬瓜洗净切块；冬笋剥皮洗净切小段。
2. 锅中加水煮沸，加入素肉块、冬瓜、冬笋混合再煮沸，约 2 分钟后关火，调入盐、香油，拌匀即可食用。

小贴士

冬笋食用前用清水煮滚，放到冷水泡浸 10 分钟，能有效去苦涩味，使菜肴味道更佳。

豆腐鸽蛋蟹柳汤

10分钟　75克/日　夏季

本品营养价值极高，尤其是其中的鸽蛋，是高蛋白、低脂肪的珍品，是儿童、孕妇、病人等人群的高级营养品。

原料

豆腐150克、熟鸽蛋10个、蟹柳30克、上海青20克、盐3克、清汤适量

做法

1. 将豆腐洗净切方块；熟鸽蛋剥壳洗净；蟹柳洗净切块；上海青洗净备用。
2. 净锅上火倒入清汤，下入豆腐、鸽蛋、蟹柳、上海青，煲至熟调入盐即可。

小贴士

上海青宜烹饪时间短一些，避免营养流失过多。

大肠核桃汤

28分钟　75克/日　秋季

本品美味可口，有助于提升孩子食欲。其中的核桃不但含有多种人体所必需的维生素和矿物质，还含有健脑益智的不饱和脂肪酸，有健脑益智的作用，尤其适合孩子食用。

原料

猪大肠150克、核桃仁35克、枸杞子10克、色拉油25毫升、盐3克、葱花3克、姜末2克

做法

1. 将猪大肠洗净切段焯水；核桃仁、枸杞子用温水洗干净备用。
2. 净锅上火倒入色拉油，将葱花、姜末爆香，下入猪大肠煸炒，倒入水，调入盐烧沸，下入核桃仁、枸杞子小火煲至熟即可。

小贴士

宜选择壳体浅黄褐色、有光泽、无虫蛀、味道醇香、用手掂掂有一定分量的核桃。

红菇土鸡汤

140 分钟 100 克 / 日 秋、冬季

本品香馥爽口，营养丰富。其中的红菇含有人体必需的多种氨基酸，此外还含钙、磷、维生素 B_2 等多种对人体有益的成分，有增加机体免疫力的作用。

原料

土鸡 250 克、红菇 5 朵、味精 2 克、鸡精 2 克、盐 3 克、姜 1 片

做法

1. 将土鸡斩成大块，洗净汆水；红菇用水泡发。
2. 将土鸡及发好的红菇、姜片、盐放入盅内，用中火煮 2 小时。
3. 最后放入调味料即可。

小贴士

在土鸡的皮层下用手指一掐，能明显地感到打滑，一定是注过水的，不宜购买。

青豆泥南瓜汤

30 分钟 100 克 / 日 春、秋季

本品可健脾开胃，滋阴润燥。其中的南瓜含有儿童生长发育所需的组氨酸、可溶性纤维、叶黄素和丰富的微量元素，儿童常食可以促进身心健康。

原料

青豆 100 克、南瓜 300 克、盐 3 克、白糖 5 克、高汤适量

做法

1. 青豆洗净，浸泡后捞出，沥干备用；南瓜去皮去瓤，洗净切小块。
2. 果汁机洗净，分别下入南瓜和青豆搅拌成泥，分别倒入碗内。
3. 锅中倒入高汤烧热，下入南瓜泥煮成糊状，加盐、白糖调味，盛出后倒上青豆泥即可。

小贴士

不宜选用外皮腐烂了的南瓜，因其内部含有大量的亚硝酸盐。

健仔鲈鱼

23 分钟　125 克 / 日　春、秋季

本品汤鲜肉嫩，味道鲜美，没有腥味。其主料鲈鱼含蛋白质、不饱和脂肪酸等营养成分，还含有维生素 B_2 和微量的维生素 B_1、磷、铁等物质，营养价值较高。

原料

鲈鱼 1 条、蘑菇 15 克、上海青 15 克、圣女果 15 克、料酒 10 毫升、盐 3 克、胡椒粉 2 克、高汤适量、食用油适量

做法

1. 鲈鱼处理干净改刀；蘑菇、上海青洗净；圣女果洗净，切片。
2. 锅倒油烧热，放入鲈鱼煎至金黄色，倒入高汤、料酒烧沸，加入蘑菇、上海青、圣女果煮至熟，最后加入盐、胡椒粉调味。

小贴士

烹制鲈鱼的时候，应该先除去内脏清洗干净后再烹制。

奶汤河鱼

18 分钟　125 克 / 日　春、秋季

本品兼具鱼肉、牛奶、豆制品等常见高营养食材，还含有玉米的清香，营养价值高，口感好，适合孩子常食。

原料

河鱼 1 条、油豆腐 30 克、罐装玉米 30 克、牛奶 200 毫升、盐 3 克、料酒 5 毫升、香菜 10 克、浓汤适量

做法

1. 河鱼处理干净，用盐、料酒腌渍片刻；油豆腐洗净；玉米粒入搅拌机中打成糊。
2. 锅加水烧沸，加入牛奶、玉米糊煮稠，放入河鱼，加入油豆腐、浓汤、香菜一起炖煮至熟即可出锅。

小贴士

不放鸡精，鱼肉也会同样鲜美。

养眼鲜鱼粥

40分钟　125克/日　夏季

本品具有健脾养胃、健脑益智的作用。其中大米的赖氨酸含量较少，而赖氨酸又是促进人体发育、增强免疫力、提高中枢神经组织的主要物质，鱼中赖氨酸含量较高，可起到互补的作用。

原料

大米100克、鲑鱼150克、玉米粒70克、鸡胸肉60克、盐2克、芹菜末15克、香菜段10克

做法

1. 大米洗净，用水浸泡1小时，沥干水备用；鲑鱼洗净切小丁；玉米粒洗净；鸡胸肉剁细，加盐抓匀，腌渍半小时。
2. 锅中注水，加大米、玉米粒、鲑鱼、鸡胸肉，大火煮沸后转小火煮半小时。
3. 调入盐、芹菜末拌匀，盛入碗中，用香菜段装饰即可。

小贴士

选芹菜的时候要看叶子，新鲜的芹菜叶子是平直的，尖端翘起的不新鲜，不宜购买。

豆芽莲子汤

50 分钟　100 克 / 日　夏季

本品有滋润清热、利尿解毒、养心安神等功效。其中的黄豆芽富含优质蛋白质和维生素，有增强免疫力的作用，适合儿童食用。

原料

黄豆芽100克、薏米50克、莲子50克、芡实30克、盐3克、食用油适量

做法

1. 将薏米、莲子、芡实均洗净，用清水浸泡半小时；黄豆芽洗净，沥干。
2. 油锅烧热，注入适量清水烧开，下入薏米、莲子、芡实煮半小时，再倒入黄豆芽同煮至熟，加盐调味后即可出锅。

小贴士

黄豆芽要煮熟透方可食用。

健康黑宝奶

30 分钟　150 克 / 日　秋、冬季

本品营养成分较齐全，营养价值较高，有健脑益智和保护视力的作用，适合生长发育期的儿童食用。

原料

青仁黑豆50克、莲子50克、大豆35克、黑糯米35克、奶粉20克、黑芝麻15克、核桃仁15克、木耳10克、红糖5克

做法

1. 青仁黑豆、大豆、黑糯米分别洗净，泡水后沥干水分；莲子洗净，浸泡；木耳泡发洗净，去除杂质，撕成小朵，稍焯。
2. 黑芝麻、核桃仁放入碾磨机中磨碎成粉。
3. 将青仁黑豆、大豆、黑糯米、莲子、木耳放入果汁机中，加适量清水搅打煮熟成浆，加入红糖、奶粉、黑芝麻粉、核桃粉，搅拌均匀即可。

小贴士

木耳入水焯的时间不宜过长，以免影响其爽脆的口感。

椰子盅

本品肉质细嫩鲜美，营养丰富，适合儿童常食，可促进生长发育，还有助于孩子智力发育。

70 分钟　75 克 / 日　夏季

原料

大壳椰子 1 个、水发银耳 150 克、白糖 5 克、葱花 5 克

做法

1. 将椰子洗净，撬穿椰眼，倒出椰汁待用，自蒂部约 1/5 处锯下，制成椰盅。
2. 将白糖、银耳放入容器中，加适量水，用中火炖约 10 分钟后取出，过滤出渣质后倒入椰盅内。
3. 椰汁倒入椰盅内，加椰盖，用蒸笼蒸约 1 小时，再撒上葱花即可。

小贴士

银耳一定要后入锅，否则会影响口感。

关东煮

30 分钟　100 克 / 日　冬季

本品食材广泛，营养成分多样，且香味诱人，口感细腻，品味悠长，令人欲罢不能，冬天食用还有助于抗寒。

原料

猪后腿肉 300 克、白萝卜 150 克、香菇 30 克、油豆腐 30 克、盐 3 克、酱油 5 毫升、高汤适量

做法

1. 猪后腿肉洗净，剁成泥；油豆腐洗净，切小块；香菇洗净，一半切粒，一半切块；白萝卜去皮，洗净，切小块。
2. 猪肉泥加入香菇粒和盐，做成贡丸，高汤入锅煮沸。
3. 将白萝卜放入高汤煮透，再放入贡丸、油豆腐、香菇块煮熟调入酱油即可。

小贴士

在烹食猪肉之前不宜用热水浸泡。

黄瓜苹果菠萝汁

4分钟 150克/日 夏季

本品口感比较独特，既有黄瓜的清香，又有菠萝的香甜、苹果和柠檬的酸甜，还有一丝姜汁特有的辛味，有杀菌解毒、促进食欲的作用。

原料

黄瓜半根、菠萝1/4个、苹果半个、柠檬1/4个、白糖适量、姜20克

做法

1. 将苹果洗净，去皮、去子、切块；黄瓜、菠萝洗净，去皮后切块备用。
2. 将柠檬洗净后榨汁；姜去皮洗净，切片备用。
3. 将柠檬汁以外的材料放进榨汁机中榨汁，再加柠檬汁、白糖即可。

小贴士

根据孩子的口感，还可适当加入一些苹果醋。

海鲜排骨煲

30分钟 100克/日 夏季

本品滋味鲜美，风味高雅，营养丰富，富含优质蛋白质、多种维生素及钙、磷、铁等多种营养成分，有增强免疫力的作用，适合孩子食用。

原料

排骨150克、鱿鱼100克、扇贝肉30克、香菇5朵、粉丝20克、味精2克、姜3克、盐3克、食用油20毫升

做法

1. 将排骨洗净、切块、汆水；鱿鱼洗净，切上花刀，再切成小块；扇贝肉洗净；香菇去根洗净切上花刀；粉丝泡至回软，切段备用。
2. 炒锅上火倒入食用油，将姜爆香，下入香菇煸炒，倒入水，加入扇贝肉、鱿鱼、粉丝、排骨，调入盐、味精，煲至入味即可。

小贴士

新鲜扇贝肉色雪白带半透明状，如不透明而色白，则为不新鲜的扇贝。

冬瓜煲老鸭

80 分钟　100 克 / 日　夏季

本品维生素较为齐全，其中的冬瓜维生素 C 的含量较高；薏米、鸭肉富含 B 族维生素；红枣各种维生素含量高，有“天然维生素丸”的美誉。

原料

冬瓜 200 克、老鸭 1 只、薏米 25 克、红枣 10 颗、盐 3 克、鸡精 2 克、胡椒粉 2 克、姜 10 克、食用油适量

做法

1. 冬瓜洗净，切块；老鸭处理干净，剁块；姜去皮，切片；薏米洗净；红枣泡发。
2. 锅中油烧热，爆香姜片，掺水烧沸，下鸭块氽烫后捞出。
3. 将鸭块转入砂钵内，放入姜片、红枣、薏米，烧开后用小火煲约 1 小时，放入冬瓜煲至冬瓜熟软，调入盐、鸡精、胡椒粉即可。

小贴士

薏米提前泡半小时，更容易煮熟。

猕猴桃樱桃粥

40 分钟　75 克 / 日　全年

本品含有丰富的维生素 C，有助于强化免疫系统，防治口腔溃疡。其中的樱桃含铁量位于水果之首，有促进血红蛋白再生的作用，可预防缺铁性贫血。

原料

猕猴桃 1 个、樱桃 20 克、大米 100 克、白糖 10 克

做法

1. 大米洗净，再放在清水中浸泡半小时；猕猴桃去皮洗净，切小块；樱桃洗净，切块。
2. 锅置火上，注入清水，放入大米煮至米粒绽开后，放入猕猴桃、樱桃同煮。
3. 改用小火煮至粥成后，调入白糖入味即可食用。

小贴士

猕猴桃若较硬，可与苹果一起放在纸袋子里扎口催熟。

山药蜜汁

5分钟 150克/日 夏季

本品甜中带绵，兼具山药、菠萝的营养作用，不但口感佳，而且有健脑益智、滋阴养血的作用。

原料

山药35克、菠萝50克、枸杞子30克、白糖8克、蜂蜜10毫升

做法

1. 山药洗净，去皮，切成段，上蒸笼蒸熟。
2. 菠萝去皮，洗净，切块；枸杞子冲洗净，备用。
3. 将山药、菠萝和枸杞子倒入榨汁机中榨汁，加蜂蜜、白糖拌匀即可。

小贴士

山药榨汁前需要蒸熟，直接食用鲜山药汁易引起过敏。

苹果菠萝汁

10分钟 100克/日 春、夏季

本品是一种浓稠、呈乳脂状的黄色混合汁，含有生姜的特殊香味，有助消化。此外，本品还有维生素C、叶酸、果胶、钙、镁、磷、钾、菠萝蛋白酶等营养成分。

原料

苹果半个、菠萝半个、柠檬1个、姜10克、冰糖5克

做法

1. 将苹果洗净，去皮、去子 、切成小块；菠萝去皮后洗净切成小块。
2. 柠檬洗净后去皮榨汁；姜去皮洗净，切片备用。
3. 将苹果块、菠萝块、姜片、冰糖放进榨汁机中榨汁，然后再加柠檬汁、冰糖拌匀即可。

小贴士

也可在做好的果汁中加入少量牛奶，营养价值更高。

薏米猪骨汤

120 分钟　150 克 / 日　秋、冬季

本品汤鲜肉美，美味可口。其中的猪排含有丰富的蛋白质、维生素以及大量磷酸钙、骨胶原、骨黏蛋白，非常适合生长发育期的儿童食用。

原料

猪排骨 300 克、薏米 50 克、枸杞子 15 克、盐 3 克、姜末 6 克、香菜 5 克、高汤适量、食用油适量

做法

1. 猪排骨洗净、切块、汆水；薏米浸泡洗净；枸杞子洗净。
2. 炒锅上火倒油，将姜炝香，倒入高汤，调入盐，下入猪排骨、薏米、枸杞子煲至成熟，撒上香菜即可。

小贴士

薏米难以煮熟，煮之前要先浸泡几小时。

山药莲子羹

50 分钟　75 克 / 日　全年

本品甜糯爽滑，滋阴润燥又补气补血，不仅适合孩子食用，还适合老人和女人食用。其中山药含黏蛋白、淀粉酶、皂苷、游离氨基酸、多酚氧化酶等物质，滋补作用明显。

原料

山药 50 克、胡萝卜 15 克、莲子 15 克、大米 100 克、盐 2 克、味精 1 克、葱花 5 克

做法

1. 山药去皮洗净，切块；莲子洗净，泡发，挑去莲心；胡萝卜洗净，切丁；大米洗净，泡发半小时后捞出沥干水分。
2. 锅内注水，放入大米，用大火煮至米粒绽开，再放入莲子、胡萝卜、山药。
3. 改用小火煮至浓稠时，放入盐、味精调味，撒上葱花即可。

小贴士

切山药的时候动作要快，将切好的山药放冷水中泡一下，洗去黏液再入锅焯熟。

木瓜鲈鱼汤

160 分钟　100 克 / 日　夏、秋季

本品中的木瓜维生素 C 的含量较高；鲈鱼含蛋白质、不饱和脂肪酸等营养成分。二者搭配有健脾胃、助消食、润肺燥等作用。

原料

木瓜 250 克、鲈鱼 200 克、盐 3 克、姜片 5 克、食用油适量

做法

1. 鲈鱼去鳞、鳃、内脏，洗净斩块；烧锅下食用油、姜片，将鲈鱼两面煎至金黄色。
2. 木瓜去皮、子，洗净，切成块状；烧锅入油放姜片，再将木瓜块爆 5 分钟。
3. 将适量清水放入瓦煲内，煮沸后加入木瓜块、鲈鱼块，武火煲开后改用小火煲 2 小时，加盐调味即可。

小贴士

切鱼的时候，应该把手放在盐水中泡一下，这样再去按鱼的时候就不会打滑。

三色圆红豆汤

35 分钟　100 克 / 日　夏、秋季

本品具有补气血、增加肝脏功能的作用，对于气血不畅引起的脸色苍白有一定的调理作用，还能排出毒素，消除多余脂肪，适合孩子食用。

原料

山药粉 50 克、红薯 100 克、芋头 100 克、糯米粉 200 克、红豆 200 克、冰糖 20 克、红糖适量

做法

1. 红豆洗净泡发，加冰糖煮成红豆汤。
2. 红薯、芋头洗净，去皮，分别蒸熟后拌入红糖捣碎成泥。
3. 红糖和开水拌至溶化，再和山药粉拌匀；糯米粉加水拌匀，分成 3 份，每份拌入 1 个糯米团和上述材料的其中一种材料，制作成三色圆。
4. 将各色圆放入沸水中，煮至浮起后，捞出放入红豆汤中一起食用即可。

小贴士

红豆难煮熟，可以提前几小时浸泡。

水果粥

25 分钟　125 克 / 日　夏季

本品清新爽口，飘着醉人果香味儿，有提升孩子食欲的作用。其中的燕麦片、苹果、猕猴桃，无不是营养健康之佳品，适合孩子食用。

原料

燕麦片 30 克、苹果 50 克、猕猴桃 50 克、罐头菠萝 50 克、三合一麦片 1 包

做法

1. 苹果洗净去核；猕猴桃洗净、去皮；罐头菠萝打开、取出菠萝，均切丁备用。
2. 三合一麦片倒入碗中冲入适量开水泡 3 分钟。
3. 在泡三合一麦片的碗中加入燕麦片、苹果丁、猕猴桃丁及菠萝丁，拌匀即可食用。

小贴士

加入适量蜂蜜可起到滋阴润燥的作用。

羊骨韭菜羹

120 分钟　125 克 / 日　春、秋季

本品具有强腰健骨的作用，有助于儿童骨骼发育，对行走迟缓、骨软乏力的儿童有较好的调理作用。

原料

羊骨 600 克、韭菜 50 克、大米 100 克、姜末 3 克、醋 5 毫升、盐 3 克

做法

1. 将韭菜洗净切碎；大米洗净备用。
2. 羊骨洗净，用刀背劈碎，加水煎汤，烧开后加入姜末、醋，继续煮至汤浓，然后放入洗净的大米，加适量清水。
3. 用大火烧开后，转用小火熬煮，快熟时加入韭菜稍煮，加盐调味即可食用。

小贴士

韭菜不宜放太早，否则会减损其鲜味。

灌汤娃娃菜

20 分钟　150 克 / 日　秋、冬季

本汤香浓，味鲜，口感浓郁，极开胃。其主料娃娃菜比大白菜的营养价值还高。另外，其中的香菇还含有多种氨基酸和维生素，对儿童生长发育有好处。

原料

娃娃菜 300 克、干香菇 50 克、火腿 50 克、红椒 1 个、盐 3 克、姜丝 15 克、大蒜 10 克、食用油适量

做法

1. 将娃娃菜整颗洗净；干香菇、火腿、红椒均洗净，香菇切片；火腿、红椒切丝；大蒜去皮，洗净，入油锅炸好。
2. 锅中倒入适量清水，放入娃娃菜、香菇片、火腿丝、大蒜、红椒丝，稍煮片刻。
3. 待熟透，调入盐，撒上姜丝即可。

小贴士

大蒜能激发娃娃菜特有的香味，因此适宜放大蒜。

鱼头豆腐菜心煲

25 分钟　125 克 / 日　夏季

本品汤鲜肉嫩，豆腐软嫩可口，营养美味，既含有鱼肉的优质蛋白质，又含有豆腐的植物蛋白，还有菜心的维生素，荤素搭配得当，适合孩子食用。

原料

鲢鱼头 400 克、豆腐 150 克、菜心 50 克、枸杞子 5 克、盐 3 克、味精 2 克、葱段 4 克、姜片 4 克、食用油适量

做法

1. 将鲢鱼头处理干净剁块；豆腐洗净切块；菜心洗净备用。
2. 锅上火倒入油，将葱、姜炝香，下入鲢鱼头煸炒，倒入水，加入豆腐、菜心、枸杞子煲至熟，调入盐、味精拌匀即可。

小贴士

鱼头处理干净后放在盐水中浸泡片刻可以去除腥气。

西湖莼菜汤

20分钟　100克/日　夏季

本品色彩搭配好，味道清香，食用起来清洌爽口。其中的莼菜含有较多的胶质、蛋白质、糖分、维生素C，再加上草菇、鸡蛋、鸡肉、冬笋等配菜，营养价值很高。

原料

西湖莼菜1包、草菇50克、蛋清40克、冬笋150克、鸡肉50克、鸡汤500毫升、盐3克、胡椒粉5克、生粉15克

做法

1. 草菇、冬笋、鸡肉均洗净切片，锅中加水烧开，分别放入草菇、冬笋、鸡肉焯烫。
2. 将鸡汤倒入锅中，加入莼菜、冬笋、草菇、鸡肉，调入盐、胡椒粉拌匀，煮沸。
3. 用生粉勾薄芡，加入鸡蛋清，烧沸即可出锅。

小贴士

宜选择茎叶肥壮的西湖莼菜。